改訂版

ひとりで探せる
川原や海辺の
きれいな
石の図鑑

柴山元彦
Motohiko Shibayama

著

Handbook of
Beautiful Stones on
Riversides and Seashores
to find by yourself
[Improved edition]

創元社

はじめに

　日本は国土が狭いにもかかわらず、石の種類が豊富で、"石の標本箱"ともいわれるくらいです。もちろん石を構成している鉱物の種類も多様で、世界で約4500種あるといわれる鉱物のほぼ半分以上が日本で見つかっています。そのため、近くの川原の石からでも、いろいろな鉱物を探すことができます。

　また、日本の川は大陸に比べ勾配が急で、侵食作用が激しく、岩を削りだして運搬していきます。そのため川原には上流から下流まで石ころが広がっていますし、さらに河口から海岸まで小石が運ばれて、砂利浜になっているところもあります。日本は川原や海辺で石を観察する環境に恵まれているといえるでしょう。しかも川原や海辺は山の中よりアクセスしやすく、初心者が鉱物を探すには都合がいいのです。

　本書は、はじめて鉱物や天然石を探しに行こうという人のために、川原や海辺で見つかる比較的きれいな鉱物や石を集めた図鑑です。探すときの目安になるように、実際に水辺で見られる状態の石の写真を掲載しました。また、これらの鉱物や石がどのような川原や海辺で見つかるかという具体例として、全国の主な観察地24か所を示し、参考にできるようにしました。

　小石の中にきれいな鉱物や天然石を自分で探し出した時の喜びは、なにものにも代えられません。一度それを知ってしまうと、その感動をまた味わいたくなってくるものです。川原の石はただの石といえばただの石ですが、見方を変えると宝物にもなります。あなた自身で宝物を探してみてはいかがでしょうか。石はあなたに見つけられるのを待っています。そしてあなたにいろいろなことを語りかけてくれます。さあ、本書を持って川や海に出かけてみましょう。

2015年9月

柴山元彦

改訂版によせて

『ひとりで探せる川原や海辺のきれいな石の図鑑』を2015年に出版してから約9年が経ちました。その間に思いがけなく多くの方々に本書（旧版）を見ていただくことができました。またいろいろなご意見などもいただき、版を重ねるごとに修正を加えてきました。

　出版後も全国の川原や海辺に出かけて石探しを継続していると、さらに新しい発見があり、ますます石の魅力に引き寄せられていきました。その結果、新たな石の写真も集積してきました。

　また、近年は全国で洪水が多発する傾向があり、河川改修などが以前に比べてより頻繁に行われ、その結果として川原や海辺の様子が大きく変わるところが出てきました。

　このような状況を踏まえて、旧版の内容を大幅に改める必要があると思い、改訂版を出すことにしました。

　今回の改訂では、第1章は鉱物3種を入れ替えるとともに、写真のほとんどを新しいものにしました。第3章の川原や海辺の観察スポットも大半を新しい場所に変え、掲載数も増やしました。第2章や第4章でも、さらにわかりやすくなるよう解説文を見直しています。

　旧版を見ていただいた方もこの改訂版でさらにきれいな石探しを楽しんでいただけると思いますし、初めて本書を手にとってくださった方には、川原や海辺で石探しを始めるきっかけになるようにと願っています。

　川原や海辺の石は一つとして同じ石がありません。個性豊かな石たちの中にきっとあなたが気に留める石があると思います。さあ、川原や海辺の自然を楽しみながら、足元の石に目を向けてみましょう。

2024年4月

柴山元彦

Contents

凡例

一、本書に掲載した写真の多くは、著者が開催した鉱物探しイベント、あるいは個人的な鉱物探し旅行の際に現地で撮影したものである。写真の石・鉱物は、原則として、川原や海辺で観察したものであるが、鉱物本来の性質を説明するための参考として上記以外で入手した標本も一部含まれている。

一、鉱物の大きさおよび観察地は、写真のキャプションに示した。大きさは、特に記載がない限り、キャプションで示した鉱物の最大径の長さである。集合写真や拡大写真、母岩を含む写真等については、写っている範囲の左右の長さを示した。

一、第2章 (88ページ) 掲載の地質図は、下記のサイトを利用して作成した。
産総研地質調査総合センター、20万分の1日本シームレス地質図
https://gbank.gsj.jp/seamless/
クリエイティブ・コモンズ・ライセンス表示 2.1
http://creativecommons.org/licenses/by/2.1/jp/

一、第3章における各観察地を示す地図は、「地理院地図」
(国土地理院：http://maps.gsi.go.jp/) をもとに著者が作成した。

第1章

川原や海辺で見つかる鉱物

ガーネット（柘榴石）／サファイア／石英／水晶／カルセドニー（玉髄）／メノウ／カーネリアン（紅玉髄）／ジャスパー（碧玉）／オパール／トルマリン（電気石）／砂金／自然銅／黄鉄鉱／黄銅鉱／斑銅鉱／方鉛鉱／蛍石／菱マンガン鉱／クジャク石／針鉄鉱／磁鉄鉱／かんらん石／黒雲母／白雲母／緑閃石／緑泥石／緑簾石／紅簾石／菫青石／紅柱石／蛇紋石／ヒスイ／黒曜石／コハク

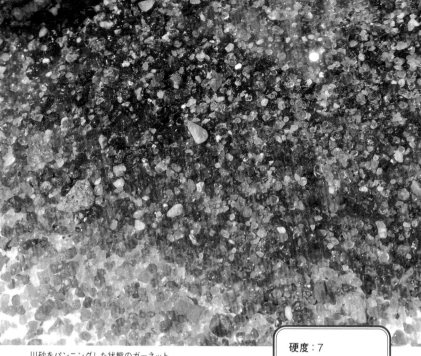

川砂をパンニングした状態のガーネット
（大きなもので2mm、奈良県・室生川）

硬度：7
比重：3.4 ～ 4.3
色：暗赤色、赤色、
　　褐色、ピンク色、
　　緑色など
光沢：ガラス光沢

ガーネット（柘榴石）

Garnet

　1月の誕生石でもあるガーネットはいろいろな石に含まれる。花こう岩、片麻岩、安山岩、流紋岩、溶結凝灰岩、結晶片岩、エクロジャイトなどの火成岩や変成岩に含まれるほかに、堆積岩である砂岩にも細かなガーネットが含まれていることがある。

　多くの石に含まれるためよく見つかる鉱物でもあり、川原に出たときにはまずガーネットがないかどうかを探してみよう。石の中に見当たらなくても、川原の砂をパンニング（98ページ参照）してみると、ガーネットが見つかる場合がある。砂の中にあれば、もう一度川原の石を詳しく探せばガーネット含む石も見つかる可能性が高い。

花こう岩の中のガーネット
（大きなもので5mm、三重県・青山川）

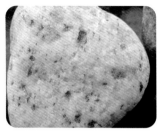

花こう岩の中のガーネット
（赤い部分、5mm、茨城県・磯崎海岸）

流紋岩中のガーネット
（左右5cm、富山県・宮崎海岸）

花こう岩の中のガーネット
（大きなもので2mm、京都府・木津川）

溶結凝灰岩の中のガーネット
（大きなもので5mm、奈良県・室生川）

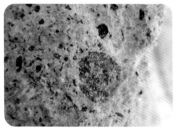

安山岩の中のガーネット
（赤い部分、3mm、奈良県・竹田川）

角閃岩に含まれるガーネット
（大きなもので1cm、愛媛県・関川）

デイサイト中のガーネット
（左右3cm、香川県・鹿浦越海岸）

9

結晶片岩から取り出したガーネット
（大きなもので1.5cm、愛媛県・関川）

エクロジャイト中の細かい粒状・粉状になった
ガーネット（赤っぽい部分、愛媛県・関川）

結晶片岩中のガーネット
（左右3cm、徳島県・川田川）

パンニングで集めたガーネット
（1～2mm、奈良県・葛下川）

花こう岩中の小さなガーネット
（左右6cm、静岡県・天竜川）

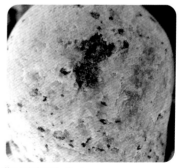

花こう岩中のガーネット
（左右5cm、静岡県・鮫島海岸）

川砂の中で特にガーネットが集まっているところ。大きな石の下流側によく集積している（奈良県・竹田川）

ガーネットは川砂をつくっている他の鉱物（石英や長石）よりもやや比重が大きいため、このように集積する（奈良県・室生川）

ガーネットの成分と種類

ガーネットは成分の似た数種類の鉱物のグループ名である。

基本的な化学式は $A_3B_2(SiO_4)_3$ で、A には Mg、Fe、Ca、Mn などが、B には Al、Fe、Cr などが入る。

たとえばよく見つかる鉄礬柘榴石（アルマンディン、暗赤色など、変成岩や火成岩に含まれる）は $Fe_3Al_2(SiO_4)_3$ とあらわされる。

ガーネットグループにはほかに、苦礬柘榴石（パイロープ、赤色、玄武岩などの苦鉄質岩の高圧変成で生じ、エクロジャイトに含まれる）、満礬柘榴石（スペサルティン、褐色など、マンガン鉱床に含まれる）、灰鉄柘榴石（アンドラダイト、褐色・黄緑色など、スカルン鉱床に含まれる）、灰礬柘榴石（グロッシュラー、無色・褐色など、大理石に含まれる）などがある。

ガーネットの外形

ガーネットの典型的な外形は十二面体、二十四面体、三十六面体（2種）である。

川砂からより分けたサファイア（2〜3mm、奈良県・竹田川）

サファイア

Sapphire

硬度：9
比重：4.0
色：灰色〜青色
光沢：ガラス光沢

　コランダムという鉱物のうち、おもに青色のものがサファイアと呼ばれ、赤色のものはルビーと呼ばれる。日本では山中の岩石の中から見つかるものもあるが、上の写真のように透明感のあるガラス質のものは川砂などから見つかる。

　採取にはパンニングと呼ばれる方法でより分ける（98ページ参照）。この方法は砂金を採るときと同じである。サファイアは他の砂粒をつくる鉱物よりも少し密度が大きいためパンニングでより分けることができる。

奈良県・竹田川でのサ
ファイア探しの様子

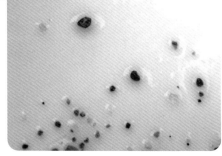

川砂の中からより分けた状態。
左上の青い粒がサファイア
（2mm、奈良県・竹田川）

サファイアの薄片（それぞれ1〜2mm、奈良県・竹田川）。竹田川のサファイアは薄
片状の小さいものが多いため、パンニングのときにこぼれ落ちないよう注意しよう

サファイアの成分と種類

酸化鉱物コランダムの一種 Al_2O_3。コランダムはチタンを含むと青く、クロムを
含むと赤くなると考えられており、コランダムのうち赤いものはルビー、その他の
色はサファイアと呼ばれる。

石英の粒（左右5cm、京都府・木津川）

石英
せきえい

Quartz

硬度：7
比重：2.7
色：透明〜白色
光沢：ガラス光沢

　石英は岩石を構成する主要な造岩鉱物である。多くの岩石に石英が含まれることと、硬度が高く風化に強いこともあって、川や海岸の砂には石英が多く含まれる。「鳴き砂」で有名な砂浜は、砂粒のほとんどが石英の粒である。

　川や海の砂を乾燥させて光を当て、ガラス質のものを取り出すとそれが石英である。また、川原の白い石はほぼ石英でできていると思っていいくらい、白色を呈するものが多い。

ほとんどが石英の粒である浜辺の砂
（左右3cm、京都府・水晶浜）

白色系の石が石英
（大きいもので3cm、茨城県・会瀬の海岸）

金を含む石英脈の一部
（10cm、鹿児島県・駒走浜）

石英（13cm、兵庫県・加古川）

ほんのり紫色をした石英脈
（左右10cm、兵庫県・揖保川）

くぼみに水晶をともなう石英
（左右5cm、京都府・木津川）

緑色をした石英（3cm、北海道・興部川）

紫と白色の縞模様になった石英
（4cm、兵庫県・円山川）

上部がほんのり赤色をした石英
（左右3cm、和歌山県・紀の川）

淡いピンク色をした石英
（左右4cm、滋賀県・野洲川）

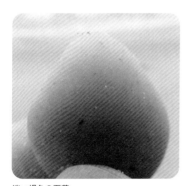

淡い褐色の石英
（3cm、山口県・武久の海岸）

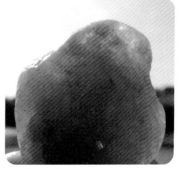

淡い褐色の石英
（左右4cm、大阪府・大和川）

岩場の石の表面に見られる高温石英
（透明な粒、左右4cm、茨城県・会瀬の海岸）

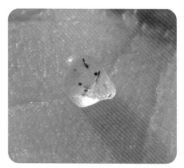

左写真の岩の下に散らばっていた高温石英
（5mm）

川砂から見つけた高温石英
（8mm、兵庫県・猪名川）

透明度の高い高温石英。水晶と言ってもよい
（5mm、大阪府・大和川）

高温石英

石英がマグマの中で結晶してできる温度は通常573℃以下であるが、火山岩の中などでは、これより高い温度以上で結晶してできる場合がある。これを高温石英といい、縦軸のない水晶のように、六角形で両錐の形をしている。石英と水晶の組成は同じなので、高温水晶と呼んでもいいかもしれない。

石のくぼみの中の水晶（左右15cm、秋田県・荒川）

<ruby>水晶<rt>すいしょう</rt></ruby>

Rock Crystal

硬度：7
比重：2.7
色：無色、白色、黄色、
　　紫色、灰色、黒色、
　　ピンク色、緑色など
光沢：ガラス光沢

　水晶は石英と同じ成分（二酸化ケイ素）でできている。結晶の外形が六角柱状の石英を水晶と呼ぶ。

　水晶は、川原の石のなかでは塊状の石英の石ころや、石英の脈を含む岩石の中に見られる。チャート*も主成分が二酸化ケイ素でできているため、くぼみの中に水晶ができていることがある。

　川原で探す際は、まず白い色をした石（石英）を探そう。小さなくぼみに小さな水晶があれば、割ってみると中から大きいものが見つかることがある。

*チャート…堆積岩の一種。主成分は二酸化ケイ素（SiO_2、石英）で、この成分をもつ放散虫、海綿動物などの動物の殻や骨片が海底に堆積してきた岩石。

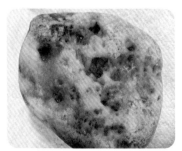

くぼみのある石英の石ころ（左右20cm）

左写真の拡大。くぼみに水晶がある
（左右5cm、兵庫県・加古川）

石英脈の中にできた透明な水晶
（左右2cm、宮城県・名取川）

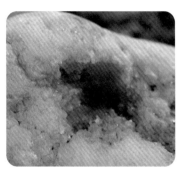

石英の穴の中にできた細かい水晶
（左右4cm、青森県・藩境塚前の海岸）

石英のくぼみに透明な水晶が集まっている
（左右5cm、静岡県・菖蒲沢の海岸）

石英脈中の水晶
（左右8cm、長野県・犀川）

石英の割れ目にできた水晶
（左右4cm、京都府・桂川）

石英の球顆の中にできた水晶
（石の大きさ4cm、熊本県・桑木津留川）

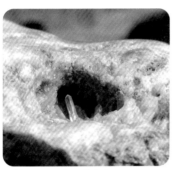

石英質の石のくぼみに水晶ができている
（左右3cm、京都府・桂川）

砂岩中の石英脈の中にできた水晶
（左右約7cm、三重県・往古川）

石英脈のくぼみにできた透明な水晶
（左右7cm、兵庫県・円山川）

チャート中の石英脈のくぼみにできた細かな水
晶（左右10cm、京都府・桂川）

流紋岩の中の石英脈（白い部分）にできた水晶
（左右15cm、兵庫県・田路川）

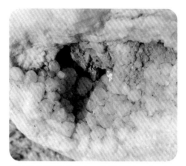

左写真のくぼみの拡大。水晶が集まっている
（左右2cm）

川の流れで先端が削られ、丸くなった水晶群
（左右5cm、秋田県・荒川）

水晶（石英）の成分と種類

水晶は石英と同じ化学組成 SiO_2 である。

結晶が成長するとき、周囲に空間があると六角形の柱状に成長していき、水晶と呼ばれるが、そうでない場合は塊状になり、石英と呼ばれる。

基本的には透明だが、不純物が混ざるか、放射線の影響で結晶格子に欠陥があると白っぽくなる。また不純物の種類によってさまざまな色がつき、紫水晶、黄水晶、黒水晶、煙水晶などができる。

海岸の砂利の中から集めたカルセドニー
（大きいもので3cm、静岡県・大浜海岸）

硬度：7
比重：2.7
色：白色、灰色、
　　赤色、緑色
光沢：ガラス光沢

カルセドニー（玉髄）

Chalcedony

　カルセドニー（玉髄）は石英の仲間で、石英の繊維状の結晶が網の目のように絡まってできたものである。上の写真のように白色で半透明なものが比較的多いが、含まれる不純物によって、灰色、赤色、緑色のものがある。石英やカルセドニーが縞模様になっている場合はメノウと呼ばれる。

　溶岩が冷え固まるときに残ったケイ酸分が、火山岩などの空洞や隙間などに層状あるいはブドウの房のように結晶してできる。したがって火山岩がよく分布する日本海側の海岸の砂利の中からよく見つかる。ブドウの房のような構造は仏頭状、腎臓状などと呼ばれる。

　カルセドニーはそれを含んでいる火山岩より硬いため、海岸でも砂利として残り、浜辺の砂の構成要素になっている。石英と色や形がよく似ているが、石英より少し硬いので、比較的角が残っている。

火山岩に含まれるカルセドニー
（灰色の筋、左右5cm、愛知県・谷川）

黄味を帯びたカルセドニー
（3cm、京都府・木津川）

白色系のカルセドニー
（大きいもので3cm、北海道・幌内川）

淡い褐色のカルセドニー
（左右3cm、長野県・中谷川）

仏頭状構造が残っているカルセドニー
（左右8cm、北海道・ペンケナイ川）

流紋岩にともなうカルセドニー
（左右4cm、京都府・桂川）

丸みを帯びたカルセドニー
（左右3cm、北海道・興部海岸）

角が残る白いカルセドニー
（左右3cm、青森県・木明海岸）

透明度の高いカルセドニー
（3cm、北海道・厚田海岸）

火山岩中に脈状に入ったカルセドニー
（5cm、青森県・青岩海岸）

中央付近に空洞があるカルセドニー
（左右4cm、茨城県・磯崎海岸）

白色と透明とでかすかに縞になっている
（3cm、福井県・大丹生海岸）

半透明のカルセドニー（3cm、福井県・浜地海岸）

カルセドニーの部分に空洞ができている
（左右8cm、島根県・小田海岸）

火山岩の中にできた棒状のカルセドニー
（左右6cm、島根県・越目浜）

褐色のカルセドニー
（左右3cm、山口県・本山崎の海岸）

火山岩にともなう半透明のカルセドニー
（左右5cm、長崎県・春日の海岸）

角がとれたカルセドニー
（4cm、富山県・宮崎海岸）

カルセドニーの成分

ケイ酸塩鉱物 SiO_2。石英の細かな結晶が集まってできたもの。縞状の模様があるものはメノウと呼ばれる。

25

カルセドニーとオパールなどが縞模様をつくっているメノウ
（左右 9cm、長野県・犀川）

硬度：7	
比重：2.6	
色：白色、灰色、	
赤色、緑色	
光沢：ガラス光沢	

メノウ

Agate

　カルセドニー（玉髄）のうち、縞模様が見られるものは「メノウ」と呼ばれている。縞模様の層をつくっているのは、カルセドニー質と石英、オパール、あるいは不純物など、さまざまである。縞の状態も、脈状であったり同心円状であったりする。なぜこうした縞模様ができるのかについては、不明な部分が多い。

　市販されている、きわめて鮮やかな赤色や青色で縞模様がハッキリしているメノウ板は、人工的に着色されている場合が多い。

　また、一部のジャスパー（碧玉、30ページ参照）は歴史的に、縞模様がないものでもメノウと呼ばれる場合があり、古代には石器の材料にもなっていた。

紫の石英を含むメノウ
（左右6cm、秋田県・荒川）

黒メノウ
（10cm、茨木県・浪切不動尊前の海岸）

平行な縞模様をもつメノウ
（6cm、兵庫県・神子畑川）

きれいな縞模様のメノウ
（左右4cm、兵庫県・円山川）

白いメノウ（左右12cm、北海道・茶屋川）

メノウの成分と特徴

主成分が二酸化ケイ素のケイ酸塩鉱物 SiO_2。カルセドニーの一種であるが石英やオパールなどと縞模様をつくる。縞の色合いや成分の違いで縞メノウ、オニキス、サードニクスなどと呼び分けられる。

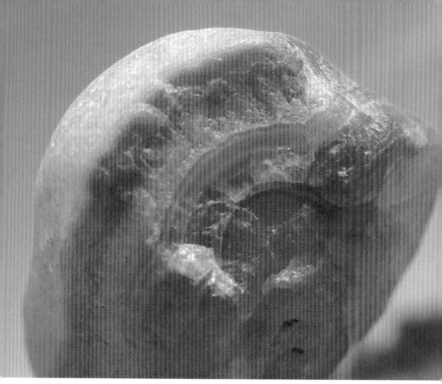

縞模様をともなうカーネリアン（左右2cm、京都府・木津川）

カーネリアン（紅玉髄^{べにぎょくずい}）

Carnelian

硬度：7
比重：2.6
色：橙色、褐色
光沢：ガラス光沢

　カルセドニー（玉髄）は半透明、白色や淡い褐色のものが多いが、なかにはきれいな橙色や淡い赤色のものが見つかることがある。このような色のカルセドニーは、特にカーネリアン（紅玉髄）と呼ばれている。

　赤色になる原因は、酸化鉄がしみこむことによるとみなされている。カルセドニーは石英の繊維状の集合体であるため、微小な隙間や穴があり、そこに酸化鉄がしみこんでいくと考えられる。

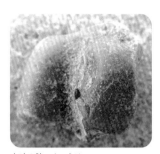

赤味の強いカーネリアン
（3cm、富山県・小矢部川）

表面は傷で白く見えるが、濡らすと赤色
になる（2cm、福井県・浜地海岸）

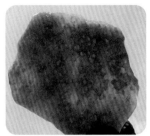

太陽光に透かしてもきれいな橙色
（4cm、京都府・木津川）

カルセドニーとカーネリアンの縞模
様（3cm、長崎県・春日の海岸）

褐色に近い色のカーネリアン
（5cm、京都府・木津川）

淡い赤色のカーネリアン
（2cm、大阪府・大和川）

カーネリアンの成分

カルセドニーと同じケイ酸塩鉱物 SiO_2。石英の細かな結晶が集まってできたもの。縞状の模様があるものはメノウと呼ばれる。

レッドジャスパー（4cm、静岡県・土肥海岸）

ジャスパー（碧玉）

Jasper

硬度：7
比重：2.6 ～ 2.9
色：赤色、黄褐色、
　　緑色
光沢：ガラス光沢

　ジャスパー（碧玉）は石英の仲間で、カルセドニー（玉髄）とも同じ二酸化ケイ素でできた鉱物であるが、純粋の二酸化ケイ素に不純物が混じり、色がついている。鉄を不純物として含むと赤く発色し、レッドジャスパー（赤碧玉）や鉄石英と呼ばれ、新潟県・佐渡では「赤玉石」として知られている。

　川原では赤色の石はあまりないうえ、あったとしてもその多くはレッドチャートである。ジャスパーはチャートよりも赤が鮮やかなのが特徴である。チャートでも、海底の熱水噴出孔付近でできたものはジャスパーをともなうものがある。

　緑の碧玉はグリーンジャスパーと呼ばれ、古代出雲地方では勾玉などに加工された。

グリーンジャスパー
（左右8cm、兵庫県・大浜川）

レッドジャスパー
（4cm、大阪府・大和川）

母岩に脈状に入ったレッドジャスパー
（左右5cm、静岡県・大浜海岸）

縞模様をしたレッドジャスパー
（3cm、青森県・蕃境塚前の海岸）

朱色のきれいなレッドジャスパー
（3cm、新潟県・虫川）

カルセドニーに薄くおおわれたレッドジャスパー（4cm、長崎県・春日の海岸）

ジャスパーの成分と種類

ジャスパーは石英と同じ化学組成 SiO_2 である。不純物の種類によって赤色や緑色になる。

流紋岩の球顆状塊中に見られるオパール
（白い部分、6cm、愛知県・谷川）

オパール

Opal

硬度：5 〜 6.5
比重：1.9 〜 2.3
色：白色〜虹色
光沢：ガラス光沢、
　　　脂肪光沢

　流紋岩の球顆状塊の中に含まれることが多く、割ると中から乳白色のオパールが出てくる。上の写真は川の中から見つけたもので、灰色のカルセドニー（玉髄）の部分と白色のオパールとで縞模様になっている。

　オパールが入っているような球顆状塊は表面にいぼのようなボツボツがあることが多いので、そのような石を探すとよい。

　日本では遊色（乳白色の中に赤色などが見られる）があるのは、福島県・宝坂のものが知られている。他の産地のものはいずれも乳白色のものが多い。このほか温泉の沈殿物として形成されるものもある。

流紋岩の中に見られるオパール
（白い部分、左右4cm、石川県・森下川）

灰色のカルセドニーと白色のオパール
（左右5cm、石川県・大杉谷川支流）

黒色の流紋岩中に脈状に見られるオパール
（左右8cm、新潟県・佐渡島の海岸）

球顆状塊の中心付近にオパールが出ている
（左右5cm、長崎県・川棚川支流）

流紋岩中のオパール
（左右6cm、石川県・浅野川支流）

オパールの成分

化学式は　$SiO_2 \cdot nH_2O$。オパールはケイ酸の細かな球が規則正しく並んで積み重なった構造をしており、そのため光の回折で遊色が現れる。配列が不規則な場合は乳白色になる。

石英の上にできた鉄電気石。一部は棒状になっている
（黒い部分、左右4cm、京都府・白砂川）

硬度：7
比重：3.2
色：黒
光沢：ガラス光沢

トルマリン（電気石）

Tourmaline

　トルマリンという宝石名で知られる鉱物グループは、和名では電気石という。

　川原で見つかるトルマリンは、ほとんどが鉄電気石（ショール）で、片麻岩や花こう岩のペグマタイト*にともなって含まれる。

　花こう岩の中に見られる場合、黒雲母（60ページ参照）と非常によく似て見えるが、硬度が全く異なるので見分けることができる。黒雲母は爪で引っかいただけで傷ができるが、トルマリンはナイフでも傷つかない。探すときは片麻岩や花こう岩の黒雲母が少ない部分を調べるとよく見つかる。

*ペグマタイト…大きな結晶からなる火成岩の一種。
**ゼノリス…マグマの周囲の岩石が壊れて、冷却固結でマグマが火成岩になる際にその破片が中に取り込まれたようになっているもの。

片麻岩（下の縞状の部分）とペグマタイトの接触部にできた鉄電気石
（左：左右8cm、右：左右10cm、京都府・木津川）

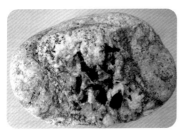

片麻岩の中にゼノリス状**にできた鉄電
気石の集合（10cm、三重県・服部川）

ペグマタイト中の鉄電気石
（左右4cm、茨城県・磯崎海岸）

黒色で筋が入っている部分が鉄電気石
（左右3cm、三重県・銚子川）

トルマリン（電気石）の成分と種類

トルマリンはホウ素を含むケイ酸塩鉱物のグループ名である。

化学式は $XY_3Al_6(BO_3)_3Si_6O_{18}(OH,F)_4$ で、X には Na か Ca、Y には Al、Fe、Li、Mg などが入る。摩擦や加熱すると静電気が発生し、弱い圧電効果もある。

鉄電気石のほかに苦土電気石、リチア電気石などがある。宝石として利用されるもののほとんどはリチウムを主成分とするリチア電気石で、赤、緑、青など色も多様である。

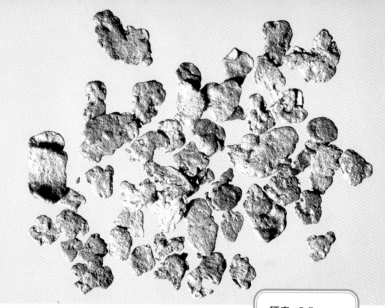

砂金（左右2cm、USA・アラスカ、撮影：山嵜明洋）

| 硬度：2.5 |
| 比重：19 |
| 色：金色 |
| 光沢：金属光沢 |

砂金
Placer Gold

　砂金は金を含む鉱脈から風化侵食の過程で川に運び込まれ、流れの中で堆積したものである。

　日本では砂金が見つかる川が多くある。特に有名なのは北海道であり、枝幸地方では大きな砂金（ナゲット）が見つかっている。

　産出する砂金は銀などとの合金になっていることがほとんどで、純金より少し白っぽく、比重もやや軽い16くらいになっている。それでもパンニング皿の中では山吹色に輝いて見え、他の砂粒などとははっきり区別がつく。それはまた、水の中では銀が溶け出して金の純度が高くなっていることにもよる。金は延性が顕著なため、砂の中でも平たくなっていることが多い。

　見た目がよく似た色の雲母などは、パンニング皿の最後に残った砂粒などを回すようにしてゆすると、比重の重い金は動かないが、雲母などは水と一緒に動いていくので見分けがつく。

砂金（大きい粒で2mm、石川県・犀川）

砂金（大きい粒で2mm、兵庫県・加古川）

パンニングのようす

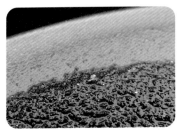

パンニング皿に残った砂金と磁鉄鉱など

パンニング皿に砂金が2粒残った
（大きい粒で1mm、兵庫県・八木川）

パンニング皿の中の砂金
（1mm、福井県・足羽川）

砂金の種類

元素鉱物 Au。金には砂金と山金があり、砂金はおもに川の中で見つかる。山金は銀や鉄などと混ざった輝銀鉱の鉱脈（エレクトラム）に含まれる。

自然銅（左右12cm、大分県・白ヶ浜海岸）

自然銅
しぜんどう

Copper

硬度：2.5
比重：8.9
色：赤茶色
光沢：金属光沢

　自然銅は大きな結晶はあまりなく、石の表面に箔状に見られることが多い。川原では結晶片岩の分布する地域で、なおかつ周辺に銅の鉱山があるようなところで見つかる。

　緑泥石片岩などの結晶片岩を割ると、何層にも剥離した面の隙間に薄く自然銅が入っていることがある。自然銅が含まれる緑泥石片岩は特に割れにくい。割れ目に赤銅色をした部分があれば、それが自然銅である。細かい粒で見られることもある。

自然銅
（茶色い部分、左右2cm、奈良県・四郷川）

緑泥石片岩にともなう自然銅
（左右3cm、奈良県・四郷川）

結晶片岩中の自然銅。酸化して黒ずんでいる
（中央付近、左右10cm、和歌山県・紀の川）

自然銅の成分と種類

元素鉱物 Cu。銅を含む鉱物はこれ以外に、黄銅鉱、斑銅鉱、藍銅鉱、赤銅鉱、オリーブ銅鉱、四面銅鉱、水亜鉛銅鉱など150種以上知られている。

黄鉄鉱（左右10cm、長野県・姫川）

黄鉄鉱
おうてっこう

Pyrite

硬度：6～6.5
比重：5.0
色：真鍮色
光沢：金属光沢

　黄鉄鉱は、川原や海辺では本来の真鍮色で見つかることは少ない。ほとんどの場合、表面が酸化して茶色の錆がおおったような石として見つかる。赤錆のような色をした石を探し、持ってみて重たければ、ほとんどの場合、金属鉱物が含まれている。割ってみて、淡い黄色や金色の部分があれば黄鉄鉱である。典型的な立方体の形状が見られることもある。

　金属鉱床の中でも比較的多く産する硫化鉱物の一つである。泥質堆積岩や淡水堆積物にも見られる。おもに硫黄の原料として採掘されてきた。

川原で見つかるときの外観（左右15cm、奈良県・四郷川）

黄色い粒状の部分が黄鉄鉱
（左右10cm、和歌山県・北山川）

断面に見られる白っぽい部分が黄鉄鉱
（左右5cm、滋賀県・安曇川）

金色の部分が黄鉄鉱
（左右5cm、三重県・楊枝川）

立方体の外形が見られる黄鉄鉱
（左右12cm、岐阜県・高原川）

黄鉄鉱の成分と特徴

硫化鉱物 FeS_2。
見た目が金（Au）と似ており間違えやすいため「愚者の金」とも呼ばれる。金よりも硬いので区別できる。六面体や八面体の特徴的な結晶をつくる。

41

石英にともなう黄銅鉱（金色の部分、左右5cm、兵庫県・明延川）

黄銅鉱
Chalcopyrite

硬度：4
比重：4.3
色：真鍮色
光沢：金属光沢

　黄銅鉱が見つかる川原は、上流に鉱山のズリ（資源として使えないため廃棄される鉱石）があるか、もしくは鉱脈が付近の崖に露出しているなどの条件がそろった場所に限られる。

　見つかる黄銅鉱は写真のように、茶褐色を帯び赤錆をともなうことが多い。また石を持ってみるとずっしりと重い。そのため川原で見つけるのは意外と簡単であるが、ただ実際に割ってみると、黄銅鉱ではなく黄鉄鉱であったり閃亜鉛鉱であったりと、別のさまざまな金属鉱物が出てくることもある。

石英の中に見られる金色の黄銅鉱
（左右8cm、兵庫県・市川）

石の表面は酸化して茶褐色になっているが、割ると黄色い黄銅鉱が出た
（左右15cm、滋賀県・愛知川）

水に濡らすと黄色い黄銅鉱がよくわかる
（5cm、兵庫県・猪名川）

表面が酸化してやや茶色くなっている黄銅鉱
（左右5cm、三重県・楊枝川）

黄銅鉱の成分と特徴

硫化鉱物 $CuFeS_2$。

黄鉄鉱にともなって産出することが多い。見た目がよく似ているが、黄銅鉱は黄鉄鉱より黄味が濃い。

虹色になった斑銅鉱。黄銅鉱（金色の部分）をともなう
（左右6cm、奈良県・四郷川）

硬度：3	
比重：5.1	
色：褐色〜	
	紫や赤の縞
光沢：金属光沢	

<ruby>斑銅鉱<rt>はんどうこう</rt></ruby>

Bornite

　斑銅鉱は銅と鉄と硫黄とが合わさったものである。割ったときは褐色を帯びた赤銅色であるが、しだいに酸化して紫色になり、さらに上の写真のような青色や緑色の虹のような縞模様になる。

　川原では、表面が鉄錆でおおわれたような石を探す。持ってみて重たいと感じたら、金属鉱物が入っている可能性があるため、割ってみよう。割った面を見ると紫がかった金属光沢を示すことが多い。さらに前述したような虹色への色の変化が起これば斑銅鉱である。

黄銅鉱（金色の部分）をともなう斑銅鉱（左右5cm、奈良県・吉野川）

茶色く錆びているが虹色の光沢が見られる
（左右8cm、和歌山県・丹生川）

斑銅鉱を含む石を割った直後の表面
（6cm、兵庫県・一庫大路次川）

斑銅鉱の成分と特徴

硫化鉱物 Cu_5FeS_4。

スカルン鉱床や熱水鉱床中にでき、黄銅鉱などをともなうことが多い。

割った直後の断面は紫がかった銅色だが、しだいに青色や緑色の強い虹色に
なっていく。

鉛灰色の金属光沢をした方鉛鉱（左右8cm、兵庫県・市川）

方鉛鉱
ほうえんこう

Galena

> 硬度：2〜3
> 比重：7.5
> 色：銀白色
> 光沢：金属光沢

　方鉛鉱はきらきら輝く特徴的な金属光沢で、銀白色（鉛灰色）をしている。また形も正六面体の面が割れ口に出るのでわかりやすい。

　方鉛鉱を含む石は大変重い。これは鉛を含むからで、鉛の比重は一般的な岩石の2倍以上ある。

　鉛を採る重要な鉱石であるが、わずかに銀を含むことがあり、銀の鉱石としても採掘された。

*へき開…鉱物が特定の方向に割れやすい性質。

へき開＊面が現れている方鉛鉱（左右7cm、兵庫県・一庫大路次川）

黄鉄鉱をともなう方鉛鉱
（灰色の部分、左右12cm、兵庫県・市川支流）

鉛灰色が現れている方鉛鉱
（左右6cm、兵庫県・市川）

方鉛鉱の成分と特徴

硫化鉱物 PbS。
スカルン鉱床や熱水鉱脈鉱床から閃亜鉛鉱などと一緒に出てくる。

47

緑色の部分が蛍石（左右15cm、岐阜県・菅田川支流）

硬度：4
比重：3.2
色：透明、淡緑
　　〜緑色、紫色
光沢：ガラス光沢

ほたるいし
蛍石

Fluorite

　蛍石は、熱すると蛍のように光ることからその名がつけられている。また、産地によっては、紫外線を当てると発光するものがある。

　色はさまざまなバリエーションがあり、緑色や紫色の場合はわかりやすいが、半透明や白色のものは石英や方解石など他の白色系の鉱物とまぎらわしい。紫外線で発光するものであれば見分けることができる。

　蛍石は製鉄時の材料として重要な鉱石であったので、日本でも岐阜県の平岩鉱山や笹洞鉱山など多くの鉱山で採掘されていたが、現在はすべて閉山している。

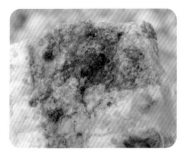 

紫色の部分が蛍石
（左右4cm、兵庫県・猪名川）

中央の白い部分が蛍石
（左右6cm、兵庫県・市川）

紫外線を当てると蛍石の部分が発光する
（上3cm、岐阜県・菅田川支流）
（右7cm、兵庫県・明延川）

蛍石の成分と特徴

フッ素とカルシウムの化合物 CaF_2。

各種の金属鉱床の脈石とともにレンズ状に産するほかに、花こう岩の副成分鉱物としても産する。

製鉄溶剤として、またガラス工業の原料としても使われる。

49

菱マンガン鉱（左右5cm、和歌山県・紀の川）

菱<ruby>マンガン<rt>りょう</rt></ruby>鉱

Rhodochrosite

硬度：3.5 〜 4
比重：3.5 〜 3.7
色：ピンク色、
　　紅色
光沢：ガラス光沢

　川原で表面が真っ黒になっている少し重たい石を探して割ってみると、上の写真のようなきれいなピンク色をした面が出てくる。これはマンガンの鉱石である菱マンガン鉱である。表面が黒いのは酸化して酸化マンガンでおおわれているためで、ビタミンCを多く含む清涼飲料水に浸けておくと、酸化マンガンの黒い色が消えていく。

　同じような桃色でよく似た鉱物にバラ輝石があるが、菱マンガン鉱の方が軟らかく、塩酸に反応して二酸化炭素の泡を出す違いがある。

マンガンを含む鉱石。表面が黒っぽい

左写真の石を割ると、淡いピンク色の菱マンガン鉱が見える（左右15cm、滋賀県・野洲川）

石の表面は酸化して黒くなっているが、中にピンク色の菱マンガン鉱が入っている（左右5cm、福井県・串小川）

チャート（下の黒い部分）にともなう菱マンガン鉱（左右4cm、京都府・桂川）

この菱マンガン鉱は内側も酸化し黒くなっている（左右5cm、和歌山県・丹生川）

菱マンガン鉱の成分と硬度

菱マンガン鉱 $MnCO_3$。
バラ輝石やパイロクスマンガン鉱に似ているが、バラ輝石は硬度5.5〜6.5、パイロクスマンガン鉱は6程度で、菱マンガン鉱は硬度がやや低い。

51

クジャク石（左右12cm、奈良県・四郷川）

クジャク石

Malachite

硬度：4
比重：4.0
色：緑色
光沢：土状光沢、
　　　絹状光沢、
　　　ガラス光沢

　クジャク石は銅の二次鉱物で、銅の酸化物である緑青とよく似たものである。銅を含む鉱石の表面に箔状にできている。

　緑の鮮やかな色なので、あれば川原でもすぐ目につく。宝石としてはマラカイトという名称が使われるが、川原では宝石になるようなものはなかなか見つからない。それでも色がきれいなので、鉱物標本でも十分に楽しめるだろう。

　条痕（鉱物を粉末にした時の色）も緑色をするため、粉にすると顔料になる。古代から顔料や岩絵の具として利用されてきた。

クジャク石（左右20cm、兵庫県・猪名川）

クジャク石（左右5cm、秋田県・淀川）

斑点状に見えるクジャク石
（左右8cm、秋田県・荒川）

あざやかなクジャク石
（左右5cm、兵庫県・一庫大路次川）

錆の上で目立つクジャク石
（左右6cm、兵庫県・市川）

クジャク石の成分と特徴

炭酸塩鉱物
$Cu_2CO_3(OH)_2$。
よく似た鉱物に珪クジャク石がある。同じ銅の二次鉱物であるが、珪クジャク石はケイ酸塩鉱物$(Cu,Al)_2H_2Si_2O_5(OH,O)_4 \cdot nH_2O$ である。クジャク石は塩酸で発泡するが、珪クジャク石は反応しないので区別できる。

高師小僧と呼ばれる針鉄鉱（左右10cm、京都府・木津川）

硬度：5.5	
比重：4.3	
色：褐色、黒褐色	
光沢：土状光沢、	
金属光沢	

しんてっこう
針鉄鉱

Goethite

　鉄に関係する鉱物が酸化してできる二次鉱物である。

　上の写真のような土状のものはかつて褐鉄鉱とも呼ばれていた。植物の根や茎の周りに針鉄鉱が付着して棒状になったものは高師小僧と呼ばれ、愛知県豊橋市の高師原で蘆の根の周りに多くの針鉄鉱ができていたことからこの名が付けられたという。

　また、砂層やれき層の中の地下水に含まれていた鉄分が酸化して、砂粒をくっつけて塊をつくることがある。中が空洞になっている場合があり、壺石と呼ばれている。これも針鉄鉱が粒子の間を埋めて接着剤の役割をしている。

針鉄鉱（高師小僧）。中心の穴は植物の根や茎
が通っていた跡（6cm、兵庫県・猪名川）

砂が針鉄鉱で固められたもの
（6cm、大阪府・大和川）

小石が針鉄鉱で固められている
（6cm、徳島県・川田川）

大きな石が針鉄鉱で固められている
（左右8cm、兵庫県・八木海岸）

針鉄鉱の成分と特徴

鉄の酸化鉱物 FeO(OH)。
学名「ゲータイト」はドイツの文豪ゲーテ（Goethe）の名前からきている。ゲー
テはドイツ鉱物学会の会員で、鉱山学、地質学にも造詣が深く、数多くの石の
コレクターでもあった。

川砂に磁石を入れて集まった磁鉄鉱（磁石の大きさ1cm、静岡県・黄瀬川）

磁鉄鉱
じ　てっこう

Magnetite

硬度：5.5
比重：5.2
色：黒色
光沢：金属光沢

　磁鉄鉱は磁力を持つ鉱物で、川の砂や海岸の砂に含まれていることが多い。特に多く含まれているところでは、砂浜や川岸の一部が黒く見えるほど濃縮している。そのようなところの砂を乾燥させると、磁石にたくさんの磁鉄鉱が引き寄せられる。引き寄せられないで残る砂鉄は磁性がないチタン鉄鉱などである。

　火成岩の一般的な造岩鉱物であるため、ほとんどの火成岩に含まれる。他の砂より密度が高いため、火成岩が風化侵食されて川に流れ込み運ばれる過程で、磁鉄鉱ばかりが部分的に集まり、漂砂鉱床になる。大規模な鉱床は鉄の原料として採掘される。

川辺に砂鉄が集まって帯状になっている
（左右30cm、静岡県・天竜川）

左写真の川辺の砂をパンニングして残った鉱物。
ほとんどが磁鉄鉱（左右3cm）

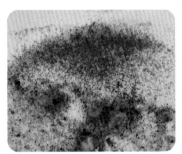

パンニングをした磁鉄鉱
（黒い部分、左右8cm、島根県・斐伊川）

砂浜の砂鉄（ほぼ磁鉄鉱）が集まった部分
（左右50cm、青森県・岩屋海岸）

磁鉄鉱の鉱石
（10cm、大阪府・石澄川支流）

磁鉄鉱の成分と特徴

酸化鉄 Fe_3O_4。
石の中に含まれている状態で鉄鉱石として採掘される。また、砂鉄が層になって出る場所（漂砂鉱床）でも採掘される。

淡い緑色のものが、かんらん石（左右1cm、鹿児島県・川尻海岸）

かんらん石

Olivine

硬度：6.5〜7
比重：3.3〜3.7
色：淡緑色〜
　　淡褐色
光沢：ガラス光沢

　火成岩の造岩鉱物の一つとしてよく知られた鉱物である。火成岩のなかでも玄武岩などの塩基性岩に比較的よく含まれる。かんらん石を多く含む石をかんらん岩ともいう。

　玄武岩が分布する地域の川の砂をパンニングすると、最後に磁鉄鉱などの砂鉄と一緒にかんらん石が残る。それは他の一般的な砂粒より比重が少し大きいからである。

玄武岩の中に捕獲岩として入っているかんらん岩
（左右5cm、佐賀県・高島の海岸）

玄武岩の中に含まれるかんらん石
（左右8cm、島根県・隠岐島の海岸）

オリーブ色の部分がかんらん石、濃い緑色は透
輝石（10cm、北海道・幌満川）

淡いオリーブ色の粒がかんらん石
（粒の大きさ1mm、新潟県・佐渡島の海岸）

砂の中にある、褐色のガラス粒のようなものが
かんらん石（粒の大きさ1mm、静岡県・黄瀬川）

かんらん石の成分と種類

ケイ酸塩鉱物（Mg,Fe）$_2$SiO$_4$。
苦土かんらん石と鉄かんらん石を合わせてオリビンと呼ぶ。産出するものは、ほとんどが苦土かんらん石である。宝石質の苦土かんらん石はペリドットともいう。

59

ペグマタイトに見られる黒雲母の集まり
（黒い箔の集まり、左右4cm、大阪府・大和川）

黒雲母
くろうんも

Biotite

> 硬度：2.5〜3
> 比重：2.8
> 色：褐色〜黒色
> 光沢：ガラス光沢

　黒雲母は火成岩のおもな造岩鉱物の一つで、川原で花こう岩を探せばほとんどのものに含まれている。花こう岩に見える黒い斑点は黒雲母か角閃石である。そのうち葉片状で、黒光りして薄く紙のようにはがれるものが黒雲母である。花こう岩のほかペグマタイト、流紋岩、片麻岩、結晶片岩の中にも含まれる。

　風化するとバーミキュライト（蛭石）という金色の鉱物になり、土壌改良用の土として農業や園芸に用いられる。

片麻岩の中の黒雲母
（左右6cm、奈良県・室生川）

結晶片岩中の黒雲母
（左右6cm、奈良県・吉野川）

片麻岩中の黒雲母。石英や長石の間を埋める
ように黒雲母の細かな結晶が入っている
（左右2cm、大阪府・大和川）

結晶片岩の上に薄く層状になった黒雲母
（15cm、和歌山県・貴志川）

片麻岩中の黒雲母（5cm、京都府・木津川）

ペグマタイト中の黒雲母の集まり
（左右3cm、広島県・江田島の海岸）

黒雲母の成分と性質

鉄を多く含むケイ酸塩鉱物 $K(Mg,Fe)_3AlSi_3O_{10}(OH,F)_2$。
白雲母と異なり鉄を含むため絶縁体にはならない。

光沢のある白い部分が白雲母（左右4cm、京都府・木津川）

硬度：2〜2.5
比重：2.8
色：白〜淡黄色
光沢：ガラス光沢、
　　　真珠光沢

白雲母
しろうんも

Muscovite

　川原では白雲母が塊で見つかることは少ないが、ペグマタイト地域を流れる川ではときどき、白く光沢のある薄い層状に積み重なった状態で見られる。爪などでも簡単に紙のように薄くはがれるのでわかりやすい。

　ペグマタイト中の大きな結晶は黒雲母、石英、長石などと共存している。小さな結晶は、片麻岩や結晶片岩に含まれている。

　非常に細かく粉状になったものはセリサイト（絹雲母）と呼ばれ、化粧品の原料となる。現在でも愛知県の粟代鉱山ではセリサイトを採掘している。

層状に白雲母が集まっている
（左右4cm、京都府・木津川）

2～3mmほどの白雲母が密集している
（左右5cm、兵庫県・加古川）

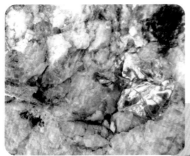

白雲母（左右5cm、三重県・青山川）

白雲母の塊（3cm、京都府・木津川）

白雲母の成分と性質

カリウム、アルミニウムを含むケイ酸塩鉱物 $KAl_2(AlSi_3O_{10})(OH,F)_2$。
結晶構造が層状で、層と層の結びつきが弱いために薄くはがれやすい。電気
や熱を伝えないため、絶縁体に使われたり電気製品の耐熱部分に利用された
りしてきた。

緑閃石（左右7cm、愛媛県・関川）

硬度：5〜6
比重：3.1〜3.2
色：緑色
光沢：ガラス光沢

りょくせんせき
緑閃石

Actinolite

　緑閃石はきれいな緑色をした鉱物で、柱状や繊維状の結晶が細かく平行して見られる。変成岩地帯で産出することが多い。

川原では、流れに運ばれるときに細かな傷が表面全体について白っぽく見えるが、水に濡らすと緑色がよくわかる。

　この鉱物の微細な結晶が集まったものはネフライト（軟玉）で、欧米ではヒスイ（ヒスイ輝石、硬玉）と合わせてジェードと呼ばれることもある。中国では2つの玉のうちネフライトしか採れず、特に貴重な宝石として扱われた。

緑色の柱状の部分が緑閃石
（左右15cm、新潟県・姫川）

細長い緑閃石の結
晶が見られる
（15cm、兵庫県・
沼島の海岸）

緑閃石の結晶が一部風化している
（12cm、長崎県・三重海岸）

ネフライト（軟玉）。繊維状の緑閃石が集まって
全体として緑色がかって見える
（10cm、新潟県・親不知海岸）

緑閃石の成分と特徴

ケイ酸塩鉱物 $Ca_2(Mg,Fe)_5Si_8O_{22}(OH)_2$。
透閃石の Mg の一部が Fe 鉱物に置き換わったもの。透緑閃石、アクチノ閃石と呼ばれることもあり、以前は陽起石とも呼ばれていた。

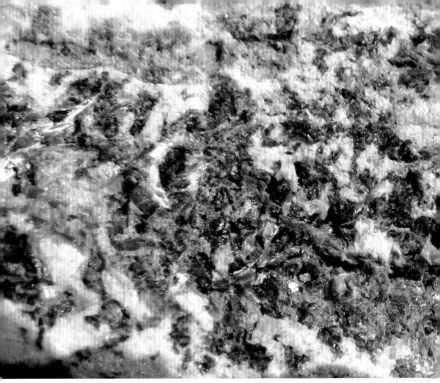

緑泥石片岩の割れ目に見られる緑泥石
（暗緑色の部分、左右5cm、和歌山県・有田川）

硬度：2 ～ 2.5
比重：2.7
色：暗緑色
光沢：ガラス光沢

りょくでいせき
緑泥石

Chlorite

　緑泥石は、結晶片岩地帯で緑泥石片岩の主鉱物として広く見られ、特に温度や圧力の低い変成岩や鉱脈に分布する。しかし細粒状や粉状であるため、結晶の外形を見ることはほとんどできない。緑の泥という表現がよくあてはまる。

　緑泥石を含む岩石は全体が緑色をしてきれいなため、建物の石材や石碑として広く利用されている。

　中央構造線の両側に分布する三波川帯には緑泥石片岩が多く分布する地域が多く、石材として採掘されてきた。

緑泥石を含む緑泥石片岩（15cm、埼玉県・荒川）

暗緑色の緑泥石片岩に白い長石が埋まっている
（左右10cm、和歌山県・紀の川）

緑泥石
（暗緑色の部分、左右15cm、徳島県・川田川）

緑泥石の成分と種類

緑泥石はケイ酸塩鉱物のグループ名であり、数十種類の鉱物が所属している。
代表的な鉱物はクリノクロア石（きんでいせき）（Mg,Fe,Mn,Al,Cr）$_6$［（Si,Al）$_4$O$_{10}$］（OH）$_8$ で、そのほかには赤紫色の菫泥石、シャモス石（せき）などがある。

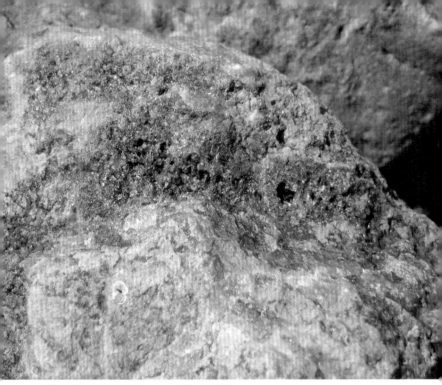

黄緑色の部分が緑簾石（左右5cm、兵庫県・明延川）

緑簾石

Epidote

硬度：6〜7
比重：3.3〜3.5
色：黄緑色
光沢：ガラス光沢

　結晶の長軸方向に平行な条線が入って簾のように見えることからこの名があるが、川原の石で緑簾石の結晶を肉眼で見られることは非常に少ない。しかし緑簾石を含む石は探すことができる。

　結晶片岩が分布する地域の川に行くと緑色の石がよく見られる。その多くは緑泥石片岩であるが、中には緑簾石片岩もある。どちらも緑色の石であるが、緑泥石を含むものは暗緑色で、緑簾石を含むものは黄緑色をしている。

黄緑色の部分が緑簾石
（左右4cm、兵庫県・一庫大路次川）

結晶片岩中に帯状に見られる緑簾石
（左右10cm、和歌山県・貴志川）

変成岩にともなう緑簾石
（左右8cm、岐阜県・高原川）

黄緑色の部分が緑簾石
（左右10cm、徳島県・川田川）

黄緑色の部分が緑簾石
（左右4cm、兵庫県・猪名川）

緑簾石の成分と種類

緑簾石
$Ca_2Al_2F^{3+}(Si_2O_7)(SiO_4)O(OH)$
は鉱物の一種だが、数十種類のケイ酸塩鉱物からなるグループ名でもある。
グループにはほかに紅簾石、褐簾石、桃簾石などが属している。

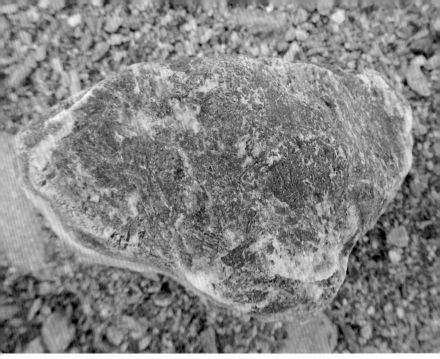

紅簾石の細長い結晶が部分的に見られる紅簾石片岩
（左右10cm、徳島県・川田川）

こうれんせき
紅簾石

Piemontite

硬度：6.5
比重：3.4
色：赤褐色
光沢：ガラス光沢

　紅簾石の結晶が見えることはまれで、上の写真のように非常に細かい状態で片岩に含まれていることがほとんどである。

　紅簾石片岩は、関東から中部、近畿、四国地方までのびる中央構造線の南側に分布する三波川帯の結晶片岩（低温高圧型の変成作用でできた変成岩）の一種である。そのため紅簾石を探すにはこの三波川帯を流れる川原に行くといい。

　関東地方では荒川の中流域にあたる埼玉県・長瀞が有名で、川原に見られる大きな紅簾石片岩が天然記念物に指定されている。中部では天竜川、近畿地方では紀の川、四国では吉野川などでよく見つかる。

紅簾石片岩（10cm、愛媛県・関川）

紅簾石片岩。赤い部分に紅簾石が集まっている
（左右15cm、群馬県・三波川）

紅簾石を含む紅簾石片岩
（左右16cm、愛媛県・銅
山川）

赤色の濃い紅簾石片岩
（左右15cm、徳島県・吉野川）

紅簾石の成分と種類

ケイ酸塩鉱物 $Ca_2(Mn,Fe,Al)_3(Si_2O_7)(SiO_4)O(OH)$。
緑簾石グループの一つで、緑簾石の成分にマンガンが入ったもの。

花弁のように見える部分は六角柱状の菫青石の結晶が変質して
雲母になった部分（左右10cm、京都府・木津川）

菫青石
きんせいせき

Cordierite

硬度：7〜7.5
比重：2.6
色：灰緑色、
　　灰褐色
光沢：ガラス光沢

　菫青石は泥質の堆積岩がマグマの熱で変化してできたものである。ほとんどの場合雲母に変質しているため、写真のような白や少し赤みを帯びた色で斑点状に見られる。川原で菫青石を探す場合は、まず黒いホルンフェルス（接触変成岩）を探そう。

　同じ地域で紅柱石も産することがあるが、こちらは長い柱状なので見分けがつく。短柱状で六角形の断面が見えるものが菫青石である。

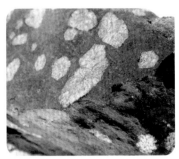

菫青石の外形は残っているが雲母に変質している。周りの黒い部分はホルンフェルス
（左右約10cm、京都府・木津川）

短柱状がよくわかる断面
（左右15cm、京都府・木津川）

暗緑色になった菫青石
（左右10cm、滋賀県・安曇川）

灰色の斑点が菫青石
（左右12cm、茨城県・久慈川）

黒い斑点が菫青石
（左右20cm、山口県・錦川）

中央の淡い水色の丸い部分が菫青石
（左右8cm、長野県・小嵐川）

中央の緑色がかったところが菫青石
（左右5cm、京都府・白砂川）

暗緑色の斑点が菫青石
（左右12cm、滋賀県・野洲川）

風化が進んでいない菫青石
（左右2cm、京都府・木津川）

ガラス質の状態が残る菫青石
（左右15cm、福井県・小串川）

風化していない菫青石の写真。光
の当たる方向で色が青と紫に変わ
る（写真は購入した標本）

菫青石の成分と特徴

マグネシウムや鉄のケイ酸塩鉱物（Mg, Fe）$_2$Al$_4$Si$_5$O$_{18}$。
菫青石は名が表すように紫色と青色をした鉱物である。風化していないものはガラス質で光を透過する。光を当てる方向を変えると紫色に見えたり青色に見えたりする。
しかし、川原などで見つかるものは結晶の外形は残っていても中身は雲母などに変質しているものが多い。

桜石

青い色の菫青石が変質して白雲母化すると、色は白くなるが結晶の外形は残る（仮晶）。その結果、柱状結晶に対して直角方向の断面に、花びらや雪の結晶のように見える、さまざまな模様ができる。
京都府亀岡市の桜天神境内の露頭で採れる菫青石仮晶は「桜石」と呼ばれ、国の天然記念物に指定されている。写真のものは白い色をしているが、赤錆により薄赤く色がついているものもあり、5弁ではなく6弁ではあるが桜の花を連想させるのが愛称の由来だろう。

桜石の断面には花のような模様が現れる
（大きいもので1cm）

柱状のものが紅柱石であるが、周辺は白く変質して白雲母に変わっている。(左右5cm、京都府・木津川)

硬度：7
比重：2.7 ～ 3.1
色：赤褐色、灰色、
　　ピンク色、
　　緑色など
光沢：ガラス光沢

こうちゅうせき
紅柱石

Andalusite

　砂質や泥質の堆積岩が熱変成作用を受けて、ホルンフェルスに変成したときにできる鉱物である。川原では、黒っぽいホルンフェルスの中に紅柱石が変質した白雲母が細い柱状で散らばって入っているので見つけやすい。

中には変質をまぬがれて紅柱石の本来の色である赤黒い部分が残っているものもある。

ホルンフェルスの石の中に柱状の紅柱石がこのように散らばった状態で見られる（中央の石で大きさ15cm、京都府・木津川）

白雲母に変質した紅柱石
（左右5cm、京都府・白砂川）

白雲母に変質した紅柱石
（左右5cm、京都府・木津川）

片麻岩の石英の多いところに柱状に見られる紅
柱石（左右3cm、長野県・小嵐川）

石英にともなう紅柱石
（4cm、長野県・小嵐川）

紅柱石の成分と特徴

アルミニウムのケイ酸塩鉱物 Al_2SiO_5。
紅柱石は藍晶石と珪線石とが同質異像の関係にある。紅柱石は中高温低圧
下の変成作用で生じ、泥質のホルンフェルスに見られることが多い。
宝石になるようなものは黄色、緑色や赤色があり、透明度が高い。また紅柱石
は多色性が強く、光にかざすと見る方向によって色が変化する。
学名の「アンダルーサイト」はスペインのアンダルシア地方で最初に見つかった
ことに由来する。

蛇紋石（6cm、新潟県・虫川）

蛇紋石
じゃもんせき

Serpentine

硬度：2.5〜3.5
比重：2.5
色：暗緑色〜
　　黄緑色
光沢：脂肪光沢

　蛇紋石はグループ名で、アンチゴライト、クリソタイル（石綿）、リザーダイトの３種類がある。これらが混ざり合っていることもある。単一の結晶の形は見られず、微細な結晶の寄り集まりであることがほとんどである。蛇紋石を多く含む岩石を蛇紋岩という。

　川原では白っぽく見えるが、水で濡らすと上の写真のようにきれいな緑色が現れ美しい。黒い部分は微細な粉状の磁鉄鉱でできているため、磁石にこの石が引き寄せられる。

黄緑色の部分が蛇紋石
（左右10cm、兵庫県・八木海岸）

蛇紋石（20cm、愛媛県・関川）

磁鉄鉱をともなう蛇紋石
（5cm、奈良県・吉野川）

蛇紋石（8cm、北海道・沙流川）

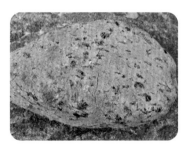

蛇紋岩は表面が風化するとくすんだ褐色になる
（左右20cm、北海道・空知川）

蛇紋岩は磁鉄鉱を含み磁石に引き寄せられる
ものが多い（20cm、広島県・成羽川）

蛇紋石の成分と種類

蛇紋石はグループ名で、アンチゴライト（Mg,Fe$)_6$Si$_4$O$_{10}$(OH$)_8$、クリソタイル
（石綿）、リザーダイト（どちらも Mg$_6$Si$_6$O$_{10}$(OH$)_8$）の3種類が属している。

ほんのりと緑色がかったヒスイ（30cm、新潟県・姫川）

ヒスイ

Jadeite

硬度：6
比重：3.3 ～ 3.4
色：白色、淡緑色
　　淡青色、淡紫色
光沢：ガラス光沢

　ヒスイ（翡翠）はヒスイ輝石を主とする石。硬度6であるが、同じ硬度の鉱物より非常に硬くて割りにくいため、硬玉とも呼ばれる。

　ヒスイは、すでに縄文時代には勾玉などの材料として広く流通していたことが、各地の遺跡の出土品からわかっている。しかし、日本におけるヒスイ輝石の産地は長らく知られておらず、これらのヒスイは大陸からもたらされたものと考えられていた。ところが、1930年代に新潟県・糸魚川周辺で産地が発見され、古代の勾玉などに使われたヒスイがこの地方のものであることが明らかになった。

　新潟県の姫川や青海川と、それらが海にそそぐ周辺の海岸（須沢海岸、青海海岸、親不知海岸、宮崎海岸など）がおもな採集地だが、非常に人気なので、近年では見つけることが難しくなっている。

真っ白なヒスイ
（2cm、新潟県・青海海岸）

緑色がかったヒスイ（左右4cm、新潟県・須沢海岸）

ヒスイの成分と種類

ヒスイ輝石 $NaAlSi_2O_6$ は蛇紋岩（じゃもんがん）の中に塊状（かい）に入っている。純粋な結晶は白色であるが、緑色の部分はオンファンス輝石である。

黒曜石（5cm、北海道・湧別川）

硬度：5
比重：2.3 〜 2.5
色：灰色〜黒色、 　　赤色
光沢：ガラス光沢

黒曜石
こくようせき

Obsidian

　黒曜石は鉱物というよりも正確には黒曜岩で、火山岩の一種である。マグマが地表で冷え固まるとき、特殊な条件下で急激な温度変化が起きると、鉱物が生成できずにガラス質のみの岩になる。火成岩分類上は流紋岩である。表面は川に流されていく間に傷がついて灰色になっているが、割ると中は真っ黒である。

　割ったときに鋭利な刃面ができるため、古代には石器として利用された。日本では産地が限られているため、そこから各地に石器が流通していったと考えられ、当時の交易ルートを推定するためにも重要な石である。

黒曜石の表面はこのように灰色をしている
（10cm、北海道・十勝川）

黒曜石を割ると内側は真っ黒
（8cm、北海道・居辺川）

赤い部分が見られる黒曜石
（15cm、北海道・音更川）

海岸で見つかる黒曜石は表面の傷が比較的少
ない（8cm、島根県・隠岐島の海岸）

割れ目が多い松脂岩
（左右5cm、宮城県・広瀬川）

黒曜石の特徴と種類

火山岩の一種で、流紋岩やデイサ
イトに分類される。

水を1〜2%含むが、水分量がそれ
より多くなると割れ目が多くなり、松
脂岩（しょうしがん）と呼ばれる。

また黒曜石の球が集まった状態の
ものは真珠岩（しんじゅがん）と呼ばれる。

コハク（大きい方で3cm、岩手県・洋野町の海岸）

コハク

Amber

硬度：2 ～ 2.5
比重：1.0 ～ 1.1
色：透明感の
　　ある黄褐色
光沢：樹脂光沢

　コハク（琥珀）は樹液の化石であり、学術定義上は鉱物ではないため、鉱物図鑑などでは扱われていない場合が多い。しかし美しい黄褐色と、鉱物に匹敵する硬度があるため、宝石と同じように装飾品などに使われる。特に日本産（岩手県久慈市）は良質であるため、古くから利用されていたようで、古墳の出土品や正倉院の収蔵品の中にも久慈産コハクを使ったものがある。久慈付近で見られるコハクは約1億年前のものである。

　コハクは比重が水に近いため海水に浮く。漂流してきたコハクが海岸に打ち上げられるバルト海沿岸はコハクの名産地である。日本では材化石（樹木の化石）を含む堆積岩の中から見つかることがある。このような地層が露出している河川や海岸に行くと、材化石にともなって見つかったり、コハクが単独で地層の中に見られたりする。

堆積岩の中のコハク
（左右12cm、岩手県・洋野町の海岸）

岩の中から取り出したコハク
（左右2cm、岩手県・洋野町の海岸）

堆積岩中のコハク
（左右3cm、滋賀県・野洲川）

コハクのかたまり
（2cm、千葉県・長崎海岸）

石炭の左右2か所に、コハクが埋まっている（左右4cm、山口県・本山岬の海岸）

第2章

鉱物について
もっと知ろう

① 川原になぜ鉱物があるか

　川原に転がっている石は鉱物が集まってできたものである。石は鉱物の集合体であるため、川原は鉱物の宝庫ともいえる。

　川は上流の山から岩を削って石を下流へ運ぶ。上流には大きな石が分布し、下流へ行くほど流れに削られ、その大きさは小さくなっていく。川の長さが長いとこの傾向がよくわかる。

　観察しやすい適度な大きさの石がその川の上流から下流までのどの付近に多いかも、このことから調べられる。

　下の写真の「上流」くらいの大きさの石が広がっている川原が鉱物を観察するには適当だ。これより上流になると石が大きすぎて手に取って観察しにくい。

花こう岩の表面を拡大したもの。おもに黒雲母（黒色）、石英（灰色）、長石（白色）の３つの鉱物が集まってできている

上流

中流

下流

② 石は3つに分けられる

川原に出かけてみるといろいろな石が目につく。まずは石の基本的な分類を知っておこう。石のことを知るとその中に含まれる鉱物がよく理解できる。

石には火成岩、堆積岩、変成岩の3種類がある。そのうち、鉱物を見つけやすいものは火成岩と変成岩である。また、工業的に利用できる特定の鉱物を多く含むと鉱石と呼ばれ、そのいくつかは鉱山などで採掘される。

1 火成岩

火成岩は地下にある高温のマグマが冷え固まってできる。

マグマが噴出せずに地表近くの地下で冷え固まったものが深成岩、地表に出て溶岩となって冷え固まったものが火山岩である。

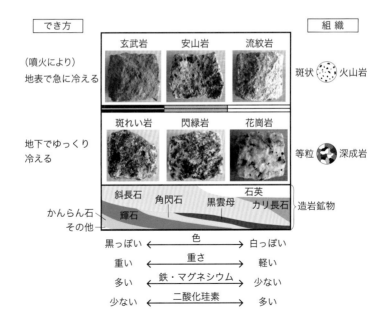

87

前ページの図で示すように、たとえば玄武岩や斑れい岩は斜長石を最も多く、続いて輝石、かんらん石を多く含んでいる。流紋岩や花こう岩は石英とカリ長石や斜長石、中央の安山岩や閃緑岩は斜長石と黒雲母、角閃石を多く含んでいる。

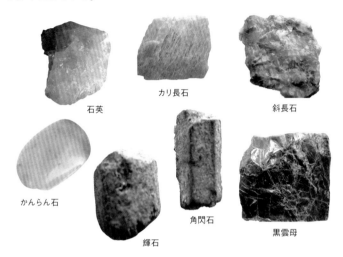

石英

カリ長石

斜長石

かんらん石

輝石

角閃石

黒雲母

これを見ると、火成岩はすべてたった7種類の鉱物でできていることがわかる。この7種類は主要造岩鉱物と呼ばれ、火成岩以外も、ほとんどの岩石がこれらの鉱物からできている。

ただし、主要造岩鉱物のほかに、ほんの数パーセントであるが、他の鉱物が含まれている（一番多いのは磁鉄鉱）。

私たちが探す鉱物の多くは、このわずかに含まれている方の種類である。

各地域の地質特性によってどんな鉱物が見つかるかが決まるので、石探しの前に、出かける場所の地質図などをあらかじめ調べておくとよい。

(独)産業技術総合研究所地質調査総合センターのホームページでは、シームレス地質図が公開されている。図は愛媛県・新居浜の別子銅山付近の地質図。国領川や関川流域の地質がわかる

2 堆積岩

　堆積岩は、小石や砂（岩屑）が海や川、湖などの水底に堆積し、押し固められてできる。

　堆積岩は石を構成する岩屑の粒の大きさによって分類される。

れき岩	砂岩	泥岩
（粒の大きさ 2mm 以上）	（2mm ～ 0.06mm）	（0.06mm 以下）

　岩屑以外に、水中に溶けていた化学成分や生物の遺骸が沈殿して堆積岩になる場合もある

炭酸カルシウム（CaCO₃）が堆積した石灰岩

ボウスイチュウやサンゴの遺骸が堆積した石灰岩

ケイ酸（SiO₂）やホウサンチュウの遺骸が堆積したチャート

　堆積岩は細かい粒子が密に凝縮してできるため、堆積岩から鉱物を見つけるのは難しい。しかし岩石になる前の、堆積した砂やれきの中に含まれる砂金、磁鉄鉱、ガーネットなどは、パンニングという方法（98ページ参照）で探し出すことができる。

　また、堆積鉱床として鉄、石炭、石油などの資源が採掘されている。

3 変成岩

　変成岩は、火成岩や堆積岩などすでに存在している岩石が、地下でマグマの熱や圧力などの変成作用を受け、造岩鉱物や構造が変化したものである。

　変成岩はおもに大きな圧力によって変化した広域変成岩と、おもにマグマの熱によって変化した接触変成岩の2つに分けられる。この変成作用の過程でいろいろな鉱物ができる。

広域変成岩

結晶片岩
片理とよばれる板状の面が何重にも
重なったような構造をする

片麻岩
一般に結晶片岩より変成度合いが強く、
白黒の粗い縞模様が特徴

接触変成岩

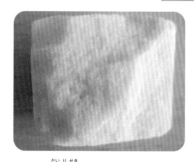

大理石（結晶質石灰岩）
方解石の細かい結晶の集まりで比較的軟らかく、
色や模様もさまざまである

ホルンフェルス
砂岩や泥岩が変成したもので菫青石や紅柱石、
珪線石などの鉱物を多く含む

③ 鉱物とはなにか

さて、石は鉱物が集まってできていることは分かったが、その鉱物とはいったい何なのだろうか。

鉱物はいろいろな原子や分子が集まってできており、一般には次のように定義されている。

❶ 自然に産する無機物（生物起源でないもの）。
コハク、真珠、石炭、石油は例外的に鉱物として扱うこともあるが、国際的には鉱物として認められていない。

❷ そのどこをとっても同じ物理的・化学的性質を持つ。

❸ 規則正しく原子が並ぶ結晶構造を持っている。
例外：オパール

したがって、ガラスと水晶は一見よく似て見えるが、結晶している水晶は鉱物であるのに対し、非結晶のガラスは鉱物ではない。

上：ガラス（結晶していない非鉱物）、
下：水晶（結晶している鉱物）

鉱物は私たちの周りのいろいろなところに存在する。宝石と呼ばれるものはほとんどが鉱物である。一般的な電子機器の原料にも使われているし、電気製品や乗り物などにも鉱物はなくてはならないものである。たとえば時計にもクォーツ（水晶、石英）が使われている。

4 鉱物を見分ける手がかり

水辺で鉱物を見つけたら、何という鉱物か確かめたくなるだろう。見た目が似た鉱物も多いので、見分ける手がかりを知っておこう。

1 色

鉱物を探すにも調べるにも、まず色が目につく。鉱物はいろいろな色をしているが、色で比較的名前が判明するものは次のようなものだ。

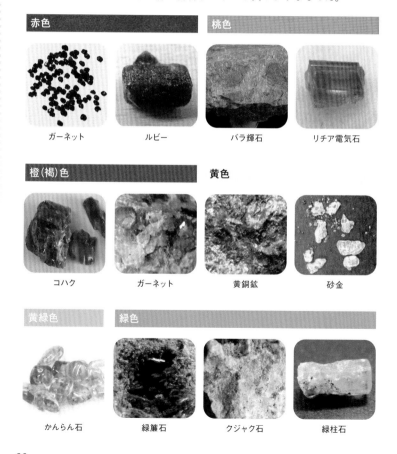

赤色

ガーネット　　　　　　　ルビー

桃色

バラ輝石　　　　　　　リチア電気石

橙(褐)色

コハク　　　　　　　　ガーネット

黄色

黄銅鉱　　　　　　　砂金

黄緑色

かんらん石

緑色

緑簾石　　　　クジャク石　　　緑柱石

青色

サファイア

青鉛鉱

ラピスラズリ

藍色

藍晶石

紫色

紫水晶

白色

白雲母

カルセドニー

クリーム色

カリ長石

銀白色

方鉛鉱

磁硫鉄鉱

濃紅銀鉱

黒色

鉄電気石

磁鉄鉱

透明

方解石

水晶

93

2 硬度

　鉱物の傷つきにくさを硬度といい、次のように10段階に区分され、それぞれ基準になる鉱物が決められている。これをモースの硬度計という。もっとも硬度の高い鉱物はダイヤモンドである。

硬度	1	2	3	4	5
鉱物	滑石	石膏	方解石	蛍石	リン灰石

硬度	6	7	8	9	10
鉱物	カリ長石	石英(水晶)	トパーズ	コランダム	ダイヤモンド

　硬度は、手軽な方法では爪（硬度2.5）や10円玉（3）、鉄くぎ（4.5）、ガラス（5.5）、ナイフ（6）などで傷がつくかどうかで判断できる。たとえば黒雲母と電気石はどちらも黒い鉱物で、同じ石に含まれていることがあるが、黒雲母は爪で傷がつき、電気石は傷がつかない。

3 光沢

　鉱物によって表面の輝き方（光沢）に違いがある。たとえば石英と白雲母はどちらも白色の鉱物だが、石英はガラスのようにキラキラと光をよく通すのに対し、白雲母は真珠のような淡い輝き方をする。

金属光沢（黄鉄鉱）

ガラス光沢（緑柱石）

金剛光沢
（ダイヤモンド）

樹脂光沢（コハク）

真珠光沢（白雲母）

脂肪光沢（オパール）

絹糸光沢（繊維石膏）

土状光沢（針鉄鉱）

4 結晶形

　鉱物はほとんどが結晶しており、きれいな外形をするものがある。鉱物特有の結晶形が見られると鉱物を見分ける手がかりになるが、実際にはなかなかこの外形が見られないことも多い。

長柱状（電気石）

短柱状（長石）

立方体（黄鉄鉱）

八面体（蛍石）

六角板状（サファイア）

六角柱状（水晶）

放射状（珪灰石）

5 蛍光

　鉱物には、紫外線を当てると蛍光を発するものがある。灰重石（青白色）、珪酸亜鉛鉱（黄緑色）など、暗い場所で紫外線を当ててみるとそれぞれの鉱物特有の色を発して美しい。

　蛍石（青〜黄色）、方解石（赤、黄、青色）、カリ長石（緑色）などは、産地によって蛍光するものがある。

	〈普通光〉	〈紫外線〉
灰重石		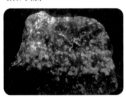
蛍石	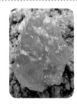	
珪酸亜鉛鉱		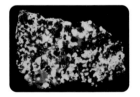

6 磁性

　鉱物には、磁石を引きつける性質を持ったものがある。

　磁鉄鉱、磁硫鉄鉱などは磁石を強く引きつけるし、自然鉄、一部のガーネットも弱い磁性を示すことがある。

鉱物に磁石や金属製のクリップを近づけてみよう

7 酸との反応

　塩酸などの酸をかけると泡立つ鉱物がある。石英と方解石のように、見た目が非常によく似た鉱物でも、この反応があるかないかで種類がわかることがある。

同じ白い色の鉱物でも石英は塩酸を付けても反応しないが、方解石は泡立つ

8 比重

　鉱物によって比重（密度）が異なる。最も比重が大きいのは金で、水の約19倍もある。川の砂から鉱物を採るのに、比重の違いを利用するパンニング（椀かけ）という方法が古くからおこなわれてきた。

　砂を構成しているおもな岩石片の比重は2.5前後であるため、それよりも比重の大きいガーネット、磁鉄鉱、チタン鉄鉱、ジルコンなどはこの方法でより分けることができる。

パンニング皿
（パン皿）

　小石などを取り除いた川砂をパンニング皿（パン皿）に入れ、水の中で回しては水と一緒に余計な砂を捨て、比重の大きな鉱物が残るようにする。

　砂金は比重が大きいので比較的やさしいが、ガーネットの場合は他の砂粒との比重差が大きくないので慎重により分けよう。

大きな石の下の、下流側の砂利をふるいの中に取る

パン皿の上にふるいを重ね、水中でゆする

ふるいに残った小石や粗砂を捨てる

水中でパン皿を左右にゆすったり、土砂を回転させる

パン皿を手前に傾け、表面の砂を流し出す

少し水を足し、回しては砂を捨てるのを繰り返す

パン皿に残った砂金

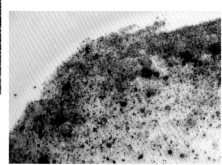

より分けたガーネットや砂鉄

⑤ 鉱物はどこでできているか

　岩石を構成する鉱物の大部分は、主要造岩鉱物と呼ばれるわずか7種類である。しかし鉱物はこれらのほかに、世界で約4500種が発見されている。

　鉱物によっては、鉱脈や鉱床と呼ばれるある特定の場所に集中して存在し、資源鉱物なら鉱山として採掘されている。このように鉱物が集まる場所ができるのは、下図のように、物質が地球全体を循環していることと関係している。

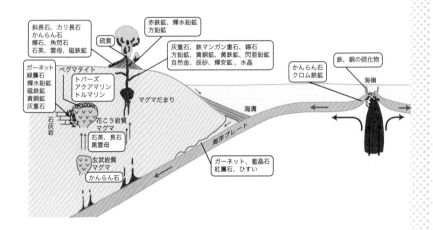

　地球内部の熱はマントルの対流によって地表に放出されている。その出口の一つが海嶺である。海嶺では鉱物成分を溶かし込んだ熱水が吹き出し、水中で急冷して、周辺にいろいろな鉱物が沈殿したり、海水に溶け込んだりしている。

　海嶺でできた玄武岩は海洋プレートとなり、海溝で大陸プレートの下にもぐり込む。このときプレートの一部が地下で溶けだしてマグマとなり、マグマの中でできる鉱物、その熱の変成作用でできる鉱物、地下深くの高温高圧の変成作用でできる鉱物などが生成される。

石探しに
出かけよう

　川原や海辺に鉱物を探しに行くときは、けがを防ぐために長袖・長ズボンを身に着け、靴は底がしっかりしていて滑りにくいスニーカーやハイキングシューズを選ぼう。川原や海辺は日陰がないところが多いので日よけに帽子も必要である。水分補給も忘れないようにしよう。

　持ちものとしては、ルーペ、軍手、ハンマー、簡易ゴーグルは必ず持っていく方がよい。写真で記録を残すためのカメラや、石を持ち帰る場合はビニール袋なども持っていこう。

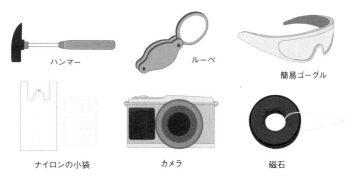

ハンマー　　　　　　　　　　ルーペ

簡易ゴーグル

ナイロンの小袋　　　　カメラ　　　　　　磁石

　なかでもルーペはぜひ持って行ってほしい。肉眼で見るのとは大きく違い、鉱物の細かい特徴がよくわかる。あまり高倍率なものより、10〜15倍くらいの方が使いやすい。

　ハンマーは安いものは石に負けて柄が折れるため、ホームセンターなどで1000円以上で売っているものにしよう。

　また、磁石を持っていくと磁性を持つ鉱物の判別に役立つ。

第3章

きれいな石や
鉱物が見つかる
川原や海辺

石探しの注意点

2018年〜2023年にかけて取材した情報を紹介しています。

◉ アクセス情報などは随時変更となる可能性があります。事前に最新情報を確認して出かけましょう。

◉ 出かける川・海の地形や気象情報に注意し、増水やダムの放流、大波などの危険がないかよく検討してください。観察中も事故には十分に気をつけましょう。

◉ 河川工事や自然災害、植物の繁茂などの影響で、川原・海辺の様子や、見つかる石の種類が変わることがあります。

◉ 国立公園やジオパークなどに指定されている地域では、見つけた石は移動させず、デジタルカメラなどで記録するだけにとどめましょう。

北海道枝幸郡枝幸町歌登東町

ペンケナイ川

カルセドニーなど

辺毛内橋付近の川原

　ペンケナイ川は歌登の市街地に南側から流れ込んで北見幌別川に合流し、下幌別付近でオホーツク海に流れ込む。上流地域には新生代新第三紀の安山岩などの火山岩や、同じく新第三紀の海成層の砂岩が分布している。

　石探しに適した川原は歌登東町にある辺毛内橋の近くにあり、川原にはこぶし大くらいの石が多く広がっている。石の種類は上流の地質を反映して安山岩、流紋岩や火砕岩が多く見られる。

　この川原の流紋岩や火砕岩をよく見てみると、表面に半透明の白い脈状の部分が見られるものがある。この白い脈がカルセドニー（玉髄）で、脈の中にはくぼみができていれば、水晶も見られる。

脈状のカルセドニー（左右10cm）

仏頭状構造のあるカルセドニー（左右8cm）

縞模様のあるカルセドニー（左右12cm）

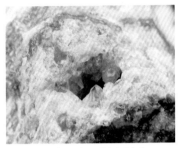

カルセドニー脈のくぼみに見られる水晶
（左右5cm）

黒色のカルセドニー（左右6cm）

歌登付近にはパンケナイ川や辺毛中央橋など、
名前の似た川、橋があるので注意しよう

アクセス▶旭川から宗谷バス枝幸行き特急に乗り、「歌登バスセンター」で下車（約3時間、
便数が少ないので注意）。バス停から辺毛内橋まで徒歩約5分。車の場合は旭川から北
海道縦貫自動車道／道央自動車道と国道40号を経由して約150km。

北海道広尾郡大樹町尾田

歴舟川
れきふね

砂金

カムイコタン公園キャンプ場前の川原

　川砂から砂金を採る伝統的な方法に椀掛け法（パンニング、98ページ参照）がある。椀もしくはパンニング皿で川砂をすくい、回しながら比重の違いによって砂と鉱物をより分ける方法だが、大樹町では、北海道で古くから行われてきた「ユリ板」を使った砂金採集が体験できる。

　「道の駅コスモール大樹」で採集道具であるユリ板とカッチャ（砂金をふくむ砂を掘り出し寄せ集める道具）を借り、カムイコタン公園キャンプ場から、その前を流れる歴舟川の川原に出よう。

　まず川の流れの中で砂が溜まっているところを探し、カッチャを使って表面の石を除き、底のほうの砂を掘り出す。砂をユリ板の上にあげ、水の中でゆすりながら砂を流していくと、比重の重い砂金だけが残る。

ユリ板とカッチャ（左）。カッチャで川底の表面の石をよけ、砂利に突き立てる。川底の岩盤に当たったら、その真上の砂利をすくって、ユリ板の上に入れる。ユリ板を水の中でゆすりながら比重の軽い砂を捨てていき、残った砂の中から金色の砂金を探す（右）。

見つかった砂金（2mm）

市販のパンニング皿を使ってもよい

見つかった砂金は小袋に入れて持って帰ろう

アクセス▶帯広・広尾自動車道の終点・忠類大樹ICで降り、広尾国道を南進。歴舟川に架かる橋を渡ると、「道の駅コスモール大樹」がある。ここで砂金採り道具の貸し出しと砂金採取場所の地図配布をしている（6〜9月）。車でさらに北西へ約15km行くとカムイコタン公園キャンプ場に着く。そこから歴舟川の川原に出る。

青森県むつ市大畑町二枚橋

<ruby>大畑町<rt>おおはたまち</rt></ruby>の海岸

砂鉄

広い砂浜に、黒い砂鉄が集まっている部分が帯状に見られる

　下北半島の北側の海岸には、砂鉄が多く見られる砂浜がいくつかある。そのうちの一つがこの大畑町にある海岸である。

　大畑町は、まさかりの形をした下北半島の北側、ちょうど柄と刃のつけ根当たりにある。市街地からバスに乗り、二枚橋のバス停を降りて、海岸に沿って伸びている集落の合間から砂浜に出る。

　広い砂浜を見渡すと、上の写真のように部分的に砂が黒くなっているところがある。これは砂鉄で、多くが磁鉄鉱であるため、磁石を持っていくと磁鉄鉱がたくさん引き寄せられてくる。

　この周辺の海岸の崖には砂鉄の層があり、かつてはその砂鉄層を利用した砂鉄精錬場があった。

黒い部分が砂鉄の集まっているところ

黒い部分をよく見ると、砂鉄の粒がよくわかる

砂鉄に磁石を近づけると磁鉄鉱が集まってくる

海岸の砂は砂鉄以外では石英の粒が多い（透明〜白色の粒）

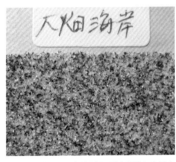

両面テープ付きの透明な板で砂を採集した標本プレート。石英（透明な粒）のほか、磁鉄鉱（黒い小さな粒）や棒状の角閃石などの有色鉱物が見られる

アクセス▶ JR大湊線・下北駅から大間崎方面行の下北交通バスで約40分、「下二枚橋」か「二枚橋」バス停で下車し、海岸に出る。バスの便は少ないので事前に確かめておこう。

107

秋田県大仙市協和荒川

荒川
あら

水晶など

協和カートランド前の荒川の川原。対岸は鉱山の施設跡

　荒川の上流、協和荒川には道の駅「協和　四季の森」や、さらに上流には新協和カートランド（サーキット場）などがある。その対岸には、荒川鉱山の施設跡が見られる。

　新協和カートランドのすぐ前の川原に降りてみると、鉱山跡らしく鉱石（工業的価値のある成分をともなう石）をふくむ石が散らばっている。

　白い石は石英で、きれいな縞模様があるものも見られる。また、六角柱が何本も集まって群晶になった水晶もあるが、本来とがっている先端部分が削られて丸くなっているものが多いようだ。

　この荒川鉱山は江戸時代（1700年）に発見されて以来、日本屈指の銅鉱山として栄え、周辺には7〜8000人もの人々が住んでいたが、1940年に休山した。近くの民俗資料展示館「大盛館」に当時の鉱山関連資料が展示されているので、立ち寄ってみよう。

縞模様のある石英（左右12cm）

水晶の晶洞（左右10cm）

水晶の群晶。先端部分が丸くなっている
（左右8cm）

比較的透明度の高い水晶（左右5cm）

金色に輝く黄鉄鉱（左右8cm）

アクセス▶新協和カートランドへはJR秋田本線・羽後境駅から車で約10km。秋田空港からは車で国道341号、46号を経由して約30km。

109

新潟県糸魚川市寺島

姫川
<small>ひめ</small>

電気石、黄鉄鉱、玉髄、水晶など

姫川の河口付近の川原

　姫川は長野県白馬岳に端を発し、新潟県糸魚川市まで流れてくる一級河川である。出雲の大国主命が、糸魚川の辺りに住んでいた豪族の娘・奴奈川姫に求婚しに来たという伝説から、この川の名がついたという。

　上流の小滝付近にはヒスイの大きな原石が見られるなど、ヒスイを含む蛇紋岩が分布することが知られている。このため、姫川の川原や河口周辺の海岸の砂利の中からもヒスイが見つかるが、近年はかなり少なくなり、見つけ出すのは困難である。

　ここではそれ以外にも、メノウ、カルセドニー（玉髄）、緑簾石、蛇紋石、黄鉄鉱、碧玉、方解石やキツネ石など、幅広く探すことができる。

重く黒っぽい石（8cm、左）を割ると、金色の黄鉄鉱が出てきた（右）

黒い斑点がフォイト電気石（石の大きさ10cm）

レッドジャスパー（碧玉、7cm）

白い斑点部分が方解石（左右10cm）

石英脈の中の水晶（左右4cm）

キツネ石（5cm）。キツネ石はヒスイに似た石の俗称である

カルセドニーの白い脈（左右10cm）

蛇紋石を含む蛇紋岩（12cm）

中央の黄緑色の部分が緑簾石（左右10cm）

石英質の緑色岩（4cm）

アクセス▶各線・糸魚川駅から西へ徒歩で約40分。車の場合は北陸自動車道・糸魚川ICで降り、国道148号、8号を経由して約3km。

富山県下新川郡朝日町宮崎

宮崎海岸
みやざき

ヒスイ、メノウ、カルセドニー、ネフライトなど

新潟県糸魚川市から続く、ヒスイの見つかる海岸帯の西端にあたる

　ここ宮崎海岸から東、新潟県糸魚川市までの間にある市振海岸、親不知海岸、青梅海岸、須沢海岸などは、砂利の中からヒスイが見つかることが古くから知られており、現在でもヒスイを探して多くの人が訪れている。

　波打ち際を歩きながら砂利を観察し、不定形でつるっとした光沢のある白っぽい石があれば、ヒスイの可能性が高い。淡い緑色の場合もあるが、白っぽいものが多いようだ。採りつくされて近年はかなり数が減っているが、根気よく探してみよう。

　キツネ石と呼ばれる、ヒスイによく似た別の石も多いので、事前に博物館や石の販売店などで本物のヒスイを観察しておくのがいいだろう。ヒスイは非常に硬いため、他の石と違って傷がつかないのが見分けるポイントのひとつである。

宮崎海岸では、ヒスイ以外にもいろいろなきれいな石を見つけることができる。たとえば、凹凸があるが角は丸みを持つ硬い石はカルセドニー（玉髄）、その内側が縞模様になっていればメノウで、色は黄色味を帯びたものや赤っぽいものなどがある。また、ヒスイのように見えるが軟らかく傷がつきやすい石はネフライト（軟玉）である。

ヒスイ（3cm）

黒い斑点がフォイト電気石（石の大きさ5cm）

カルセドニー（大きいもので1cm）

薬石と呼ばれる流紋岩（左右10cm）

蛇紋石を含む蛇紋岩（左右10cm）

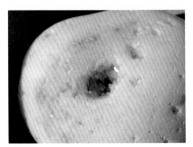

石英。穴の中には水晶が見られる（左右7cm）

レッドジャスパー（4cm）

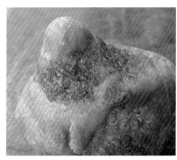

ポコッと飛び出た白色の部分がコランダム
（左右3cm）

穴の中のカルセドニー（左右5cm）

キツネ石（4cm）

ネフライト（3cm）

アクセス▶あいの風とやま鉄道・越中宮崎駅からすぐ。車の場合は北陸自動車道・朝日
ICで降り、国道8号で新潟方面に進む。越中宮崎駅近くで海岸に出る。

石川県珠洲市狼煙町

禄剛崎
ろっこうさき

カルセドニーなど

灯台下の海食台にたくさんの小石が溜まっている

　奥能登の先端にある禄剛崎灯台の周辺には、ケイ質泥岩や流紋岩が分布しており、灯台の下の海食台には、これらの石がたくさん溜まっている。

　海岸の白い石は石英やカルセドニー（玉髄）である。カルセドニーは流紋岩の中に脈状に入っていることもあり、そのような脈では、一部がオパール質に変わっている場合もある。

　また、黒っぽく硬い石はケイ質泥岩で、石英や水晶が入っていることがある。天然ガラスである黒曜石や、木が化学的に鉱物に変化した珪化木も見つかる。

※2023年10月に取材した内容です。2024年1月1日に発生した能登地方を震源とする地震により、海岸の様子は大きく変わりましたが、掲載します。出かける際には、周辺地域の復興状況に十分に配慮してください。また、アクセス方法も以前と異なる可能性があるため、ご確認ください。

ケイ質泥岩の中に脈状に入った石英と水晶
（左右5cm）

表面は白いが割ると真っ黒な黒曜石（6cm）

網目状のカルセドニー（1cm）

脈状のカルセドニー。中央付近はオパール化し
ている（左右5cm）

珪化木（6cm）

アクセス▶金沢駅から北陸鉄道バス珠洲特急線で「すずなり館前」下車。すずバス狼
煙飯田ルートに乗り換え、「狼煙」下車。徒歩で海岸沿いを灯台下の海食台へ向かう。

117

長野県飯田市南信濃八重河内

小嵐川
<small>こ　あらし</small>

紅柱石、菫青石、ガーネットなど

小嵐川の川原。大きな岩の合間に、石探しに手ごろな石が溜まっている

　小嵐川の、梶谷川との合流地点からやや上流の川原で石探しができる。

　この付近に中央構造線という、地質の境界となる大断層が通っているため、川原では構造線のおもに西側に分布する片麻岩も、東側に分布する結晶片岩などの石も見られる。

　片麻岩の中で、石英が塊状になっている部分をよく見ると見つかる赤っぽい部分が紅柱石である。中には細い柱状の結晶で見られることもある。同じく片麻岩の中に青っぽい部分があれば、菫青石である。

　また、石の表面に緑の粉がふいたようになっている部分は緑泥石である。

　花こう岩の中には赤い小粒のガーネットや黒色の電気石も見られる。

赤黒い棒状の結晶が紅柱石（左右4cm）

石英を含む片麻岩中の赤っぽい部分が紅柱石
（左右4cm）

石英を含む片麻岩中の青緑色の部分が菫青石
（左右3cm）

花こう岩の表面。赤黒い斑点がガーネット
（左右8cm）

緑色の粉状の部分は緑泥石（左右10cm）

アクセス▶JR飯田線・平岡駅から車で約20km、国道418号から152号に入り南下する。
中央自動車道・飯田ICから約60km。三遠南信自動車道・天龍峡ICからも約60km。

119

長野県長野市青木島町

犀川
さい

水晶、メノウなど

犀川にかかる丹波島橋付近の川原

　丹波島橋のたもとに河川敷に降りる小道があり、橋の下を犀川に向かって歩くこと約5分で広い川原に出る。

　この川の源流に近い地域には新生代の砂岩や泥岩が広く分布しており、また直近の上流部分では凝灰岩、流紋岩、安山岩が見られる。川原にはこれらの種類の岩石が石ころとしてたくさん流れ着いている。

　凝灰岩層に含まれる、球状のこぶが集まったような大きな石は球顆流紋岩（こぶ石）である。仏像の頭部の螺髪のようにも見えるため、この地方では仏頭石と呼ばれている。こぶ状の部分はカルセドニーでできていることが多い。

　その他メノウ、カルセドニー、オパールなどのケイ酸質鉱物も見つかる。

球顆流紋岩（仏頭石、30cm）

凝灰岩のくぼみに見られる緑簾石（左右5cm）

石英脈のくぼみにできた水晶（左右20cm）

縞模様のあるメノウ（8cm）

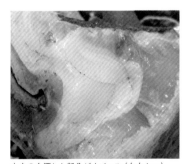
中央の白濁した部分がオパール（左右4cm）

アクセス▶各線長野駅から徒歩約30分。長野駅前からアルピコ交通バスに乗る場合は「荒木南」で下車し、そこから徒歩約5分で丹波島橋北詰に着く。

茨城県ひたちなか市磯崎町

浪切不動尊前の海岸

メノウ、カルセドニー、電気石など

海岸に露出している岩は中生代の地層

　海岸の周辺で見られる露頭（地層が露出しているところ）は中生代白亜紀の砂岩や泥岩層なので、海岸の小石もそれらの岩石が多い。

　それに混じって黒白の縞模様をもつメノウや、黒色もしくは半透明のカルセドニー（玉髄）、石英とその中の電気石などが見つかる。黒色の玉髄質の石には、仏頭状構造が見られるものもある。

　また、樹木が化石化した珪化木や、貝化石を含む石なども見つかることがある。

　こうした鉱物が見つかるのは、近くに那珂川と呼ばれる大きな川の河口があるため、その上流の石が川の流れに運ばれてきたものが海岸に集積したと思われる。

縞模様のあるメノウ（5cm）

仏頭状構造の見られる黒いカルセドニー（4cm）

黒い部分を含むカルセドニー（2cm）

黒い部分が鉄電気石（左右4cm）

貝化石を含む砂岩（4cm）

アクセス▶ひたちなか海浜鉄道湊線・美乃浜学園駅から徒歩約10分で海岸に着く。

123

静岡県伊豆市八木沢

土肥海岸
とい

ジャスパー、水晶、メノウなど

国道136号の高架下に目指す海岸がある

　海岸には丸くなった小石が広がっている。目につきやすい真っ赤な石は、赤玉石とも呼ばれるジャスパー（碧玉）である。

　他のほとんどの石は火山岩（安山岩）で、白い鉢巻をしたような石英脈をもつものでは、くぼみの中に水晶が見つかることがある。縞模様のあるメノウも見つかる。

　この付近は、約700万〜170万年前の火山活動で噴出した苦鉄質の安山岩が広く分布している。この安山岩に地下から熱水が貫入して石英脈をつくり、鉄分が多い部分は赤いジャスパーになる。

　周辺では、この熱水の貫入にともなって金を含む鉱脈もつくられ、かつては土肥金山などが操業していた。

カルセドニー（4cm）

ジャスパー（赤玉石、左右6cm）

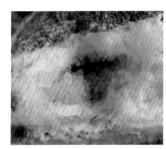

石英脈の中の水晶（左右5cm）

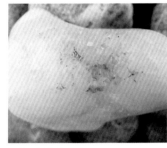

石英の塊（左右3cm）

ジャスパーにカルセドニー脈が入っている
（左右4cm）

アクセス▶駿河湾フェリー土肥港から国道136号を南へ約1kmほど行くと、伊藤園ホテル土肥のあたりで、国道がブリッジ状に海側にせり出している。その山側に残っている旧道に入り、海岸に降りる細い道を行く。

静岡県下田市須崎

爪木崎海岸

カルセドニー、ジャスパー、メノウなど

砂が多いが、小石が集まっているところがある

　爪木崎灯台がある岬の駐車場近くに、石探しに適した海岸がある。駐車場からなだらかな坂道を下ると砂浜が広がっている。小石が集まっているところで石の観察を始めよう。

　白色系では石英やカルセドニー（玉髄）、赤色系ではレッドジャスパー（赤碧玉）、縞模様のあるメノウなどが見つかる。

　周辺を作っている岩石は安山岩だが、火山活動による熱水で変質した部分があり、そのようなところにケイ化した石英脈やカルセドニー脈ができている。脈の中には水晶も見つかる。

メノウ（左右4cm）

透明な石英脈（左右3cm）

石英のくぼみにできた水晶（左右3cm）

灰褐色のカルセドニー（2cm）

レッドジャスパー（左右5cm）

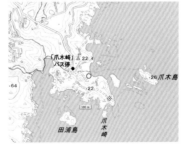

アクセス▶伊豆急下田駅より東海バス爪木崎行きで約25分、終点「爪木崎」下車。車では伊豆急下田駅から国道135号と県道116号を経由して、爪木崎灯台駐車場まで約10km。駐車場から海岸までは徒歩2分。

静岡県浜松市中央区松島町

天竜川河口
てんりゅう

ガーネット、磁鉄鉱など

天竜川河口の砂浜。小石が集まっているところを探そう

　天竜川は赤岳を源流として213kmもの流路を持つ、日本で第9位の長い河川である。河口は遠州海岸となり、川の両岸に砂浜が広がっている。

　天竜川の流域には日本の代表的な地質のほとんどが分布するため、川原では火成岩、堆積岩、変成岩のいずれも観察することができ、石の博物館といわれるほどである。それらの石の中に含まれる鉱物の中で、ガーネットと磁鉄鉱を探してみよう。まず白っぽい花こう岩を探し、その中に赤から褐色の斑点があればガーネットである。

　これらの岩石が風化した川岸の砂にもガーネットや砂鉄（磁鉄鉱やチタン鉄鉱）が混じっているので、赤い粒が集まっているところや砂浜が黒っぽい場所の砂を少し取り、水の中でパンニング（98ページ参照）すると、ガーネットや砂鉄をより分けることができる。

赤色の斑点がガーネット（左右5cm）

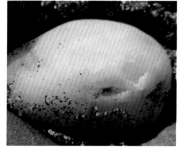
真っ白な石英（4cm）

砂の中にガーネットを多く含む層がある

左写真の砂の拡大（左右2cm）

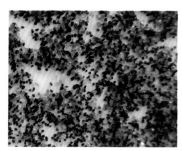
砂をパンニングをすると、ガーネットと磁鉄鉱などの有色鉱物が残る（左右5cm）

アクセス▶浜松駅バスターミナルから遠州鉄道バスに乗り、「遠州浜温泉」下車、徒歩約25分。車の場合は東名高速道路・浜松ICから国道1号を南下して、福塚交差点で国道150号に入り、天竜川に架かる遠州大橋の手前で海岸へ向かう。

愛知県豊橋市下条西町上西川原

豊川
とよ

ガーネット、石英、カルセドニー、松脂岩など

下条橋からやや上流、川が大きく曲がる地点の内側の川原

　豊川は、河口付近では中央構造線に沿って流れているため、構造線を挟んだ両側に分布する結晶片岩地帯と花こう岩・片麻岩地帯、どちらの岩石も運ばれてくる。上流域には堆積岩地帯や火山岩地帯もあるので、川原では多種類の石を見ることができる。

　花こう岩の表面を観察すると見える褐色や赤色の斑点はガーネットである。また石英やカルセドニー（玉髄）のようなケイ質の鉱物も見つかる。そのほか結晶片岩系の緑泥石や緑簾石、流紋岩系の松脂岩もある。松脂岩は黒曜石に似た黒いガラス質の石だが、黒曜石が鋭利な割れ目を持つのに対し、松脂岩はややもろい。

花こう岩の中のガーネット
（赤い斑点、左右3cm）

表面は灰色だが、中は真っ黒な松脂岩
（左右5cm）

カルセドニー（左右3cm）

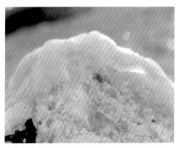
やや赤みを帯びた石英（左右4cm）

緑簾石片岩に見られる緑簾石（左右10cm）

アクセス▶名古屋鉄道豊川線・稲荷口駅から南東へ徒歩約30分のところにある豊川放水路を渡り、さらに500mほどで下条橋に着く。橋を渡り、豊川の堤防の道を上流へ約500m歩いたところに川原へ出る道がある。

131

奈良県宇陀市室生

室生川
むろう

ガーネットなど

やや大きめの石が多いが、石の下の砂にガーネットが溜まりやすい

　女人高野として有名な室生寺の前を流れる川が室生川である。室生寺から少し上流に行くと龍穴神社があり、探すのはそのすぐ前あたりの川原だ。

　川原には大きな石がゴロゴロあるが、それらは約1億年前のマグマからできた片麻岩や、約1500万年前の火山活動でできた火砕岩（火砕流が固まったもの）で、いずれの石にもガーネットが含まれている。

　これらの石から外れたガーネットが砂に混じっている。川原に溜まっている砂をよく観察し、表面に赤い粒が集まっているところを探そう。このようなところの砂をパンニング（98ページ参照）すると、ガーネットをたくさんより分けられる。ここのガーネットは透明度が高く、光に透かすときれいな赤色が見られる。

片麻岩の中に見られるガーネット
（赤色の斑点、左右15cm）

火砕岩の中に見られるガーネット
（赤い斑点、左右10cm）

砂の中にガーネットが集まっている部分
（左右2cm）

パンニングをして残ったガーネット（左右20cm）

比較的大粒のガーネット（4mm）

アクセス▶近畿日本鉄道大阪線・室生口大野駅で下車。駅前から室生寺方面行きの奈良交通バスに乗り、終点の「龍穴神社前」で降りる。川原はバス停からすぐ。

京都府木津川市山城町上狛

木津川
きづ

紅柱石、菫青石、ガーネット、鉄電気石など

上狛付近の木津川の川原。石探しに適したサイズの石がたくさんある

　川原ではまず黒っぽい表面に白い斑点がある石を探そう。この石はホルンフェルスといい、砂岩や泥岩がマグマの熱で変化してできたものである。変化する過程で、石の中に紅柱石や菫青石といった鉱物が新たにできる。

　細長い柱状をしているのが紅柱石で、多くは表面が変質して白雲母になっているが、一部に本来の赤い色が残っているものもある。きらきら青白く光る円柱状のものは菫青石で、これも変質して白くなっているものが多い。

　白っぽい花こう岩の中にはガーネットが見られる。石の表面にある褐色の斑点がそれだが、石を割ってみると、きれいな二十四面体の外形をしたものも出てくる。また黒い棒状の鉄電気石が見つかることもある。このほかカルセドニー（玉髄）や、塊状の石英のくぼみに水晶が見られることがある。

石の表面では風化して白い柱状に見える紅柱石
（左右5cm）

結晶の外形がよくわかる紅柱石
（棒状の部分、左右4cm）

変質して白くなった菫青石（左右3cm）

花びらのような菫青石の断面（左右6cm）

花こう岩の中のガーネット（左右5cm）

結晶面がよくわかるガーネット（左右3cm）

安山岩の中のガーネット（左右2cm）

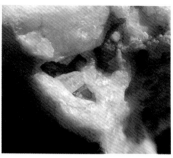

石英のくぼみに見られる水晶（左右3cm）

褐色のカルセドニー。表面に仏頭状構造が見られる（左右4cm）

水流でよく磨かれたカルセドニー（2cm）

黒い柱状の鉄電気石（左右3cm）

アクセス▶JR奈良線・上狛駅から徒歩約20分のところにある山城コミュニティ運動広場付近で川原に出る。

京都府亀岡市保津町

桂川
かつら

水晶、チャート、方解石、蛇紋岩など

亀岡付近の桂川左岸の川原

桂川のここから上流の流域は、丹波高原を造る中・古生代の堆積岩地帯である。したがって川原にもそれらを中心とした石が多く見られる。

まず目立つ白い石を探そう。たいていは石英で、そのくぼみには水晶ができていることがある。

赤く硬いチャートは、中が縞模様のメノウになっているものもある。チャートは表面をルーペで観察すると、細かな灰色の点が見えことがあるが、これはチャートの材料になった放散虫というプランクトンの化石である。

そのほかこの川原では、ジャスパー（碧玉）、方解石、蛇紋岩、菱マンガン鉱、菫青石などが見つかる。

桂川は亀岡盆地の中をゆったりと流れているが、この川原付近からすぐ下流は舟下りで有名な保津峡で、険しい流路となっている。

石英の中の水晶（左右4cm）

表面が酸化鉄の被膜でおおわれた水晶
（左右3cm）

透明度の高い水晶（左右3cm）

方解石（左右5cm）

橙色のカルセドニー（3cm）

灰褐色のカルセドニー（左右3cm）

縞模様のメノウ（左右5cm）

緑色の部分が蛇紋石（左右4cm）

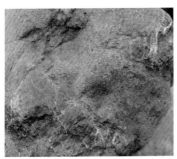

レッドジャスパー（赤色の部分、左右3cm）

菱マンガン鉱（桃色の部分、左右5cm）

チャートの表面に見られる放散虫の化石（細かい灰色の点、左右3cm）

アクセス▶ JR嵯峨野線（山陰本線）亀岡駅から徒歩約15分。保津橋を渡って、保津川水辺公園の前の川原に降りる。

大阪府柏原市高井田

大和川
やまと

ガーネット、サヌカイトなど

近鉄大阪線の鉄橋の下あたりの川原

　大和川は奈良盆地から生駒山地を横断して大阪平野に入る。生駒山地を横断するときに、この山地を造っている石を侵食して川原へ運び込む。

　川より北側の山地には花こう岩や片麻岩が分布し、南側には火山岩である玄武岩や安山岩などが分布している。そのため、川原にはこれらの石が溜まっている。

　川原の石を観察してみると、花こう岩の中に、褐色の斑点状にガーネットが入っているものがある。

　また、表面は灰色だが中が真っ黒で緻密な石はサヌカイト（讃岐質安山岩）である。香川県讃岐地方で産出するサヌカイトは、叩くと金属音がするためカンカン石とも呼ばれる。割れ口が非常に鋭利なので、物を切るのに適しており、石器としてよく遺跡から出土することで知られている。

サヌカイト（左右10cm）

安山岩中のガーネット（5mm）

石英のくぼみにある水晶（左右6cm）

花こう岩中のガーネット（左右3cm）

褐色のカルセドニー（3cm）

アクセス▶ JR大和路線（関西本線）高井田駅下車、徒歩10分。近畿日本鉄道（近鉄）の鉄橋下の川原。

兵庫県加古川市新神野

加古川
かこ

水晶、ガーネット、ジャスパーなど

石探しに手ごろな石ころが広範囲に広がっている

　加古川は流域面積が広く、ここより上流の火山岩地帯や堆積岩地帯など、いろいろな岩石の地域を流れてくる。そのため川原に出ると、こぶし大の大きさのさまざまな色をした石が見られる。

　まず目につきやすい白い石（石英）を探そう。表面にくぼみがあれば、中をのぞくと多くの場合、水晶の結晶面が見られる。また、灰色の石（安山岩）の表面に赤い斑点があれば、その赤い部分はガーネットである。

　そのほかジャスパー（碧玉）、カルセドニー（玉髄）やメノウ、珪化木が見つかることもある。

透明度の高い水晶（左右3cm）

レッドジャスパー（左右4cm）

褐色のカルセドニー（3cm）

赤黒い粒はガーネット（左右5cm）

珪化木（6cm）

アクセス▶JR加古川線・神野駅から北西へ徒歩約15分。迎野公園の北側にある堤防を上がると加古川河川敷緑地に出る。そこから川原に降りる階段があるが、季節によっては階段下に細い流路ができていることがあり、その場合は長靴が必要である。

143

徳島県吉野川市山川町翁喜台

<small>かわた</small>

川田川

紅簾石、緑簾石、藍閃石、黄鉄鉱など

中央橋の下付近の川原

　川田川は、三波川帯と呼ばれる結晶片岩地帯を流れてくる。結晶片岩は、火成岩や堆積岩が地下で高温または高圧状態にさらされ、変質（変成）してできたもので、その過程でさまざまな鉱物ができる。

　そのため、川原の石も高圧変成作用でできる鉱物を含む結晶片岩が多い。最も多いのは、緑泥石や緑簾石を含む緑色の結晶片岩である。緑泥石片岩には、ガーネットや黄鉄鉱を含むものも見られる。

　赤みがかった紅簾石や、青色の藍閃石を含む結晶片岩もある。紅簾石片岩、藍閃石片岩の多くは、全体にほんのりと赤色や青色を帯びているが、この川原では単体の紅簾石や藍閃石が見られる場合がある。

　このほか、角閃石を多く含む角閃岩や、白色の石英なども見つかる。

紅簾石を含む紅簾石片岩（左右15cm）

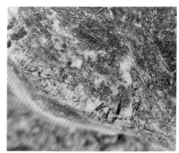

濃い赤色の細長い結晶が単体の紅簾石
（左右3cm）

ガーネットを含む緑泥石片岩（左右10cm）

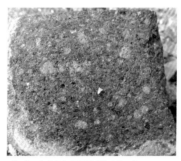

ガーネットを含む角閃岩（左右8cm）

褐色の部分は角閃石片岩中のガーネット
（左右13cm）

きれいに円磨された石英（5cm）

緑簾石片岩（左右15cm）

黄緑色の部分が緑閃石の結晶の集まり
（左右2cm）

藍閃石片岩（左右10cm）

左写真の石の表面の拡大。青い部分が藍閃石
（左右4cm）

中央の暗緑色の部分が緑泥石（左右8cm）

アクセス▶JR徳島線・阿波山川駅から西へ徒歩約15分ほどで川田川に出る。そこから堤防の上を上流方向へ約200mで中央橋に着く。橋の手前に川原へ下りる道がある。

愛媛県四国中央市土居町土居

関川
せき

ガーネット、紅簾石、角閃石、エクロジャイトなど

写真中央の関川に左側から浦山川が合流している川原

　関川上流の赤石山には、有名な別子銅山の鉱床がある。鉱床の生成にともなって多くの種類の鉱物ができたため、関川の川原では50種以上もの鉱物が見つかっている。これらの多くは市役所土居窓口センター横の資料館「暁雨館」に展示されているので、先に見学して目を養っておくと、川原で探しやすい。

　川原には平らな結晶片岩系の石が多い。その表面に赤黒い斑点があればガーネットで、直径が2cmを超える大きなものもある。淡紅色の紅簾石を含む紅簾石片岩、暗緑色の塊はおもに角閃石でできた角閃岩、緑色（輝石）と赤色（ガーネット）が混じりあった重い石はエクロジャイトである。

　エクロジャイトは地球深部のマントルから火成活動などにより地上へ運ばれてきた石で、世界でも採集できるところが限られている。

紅簾石を含む紅簾石片岩（左右12cm）

角閃岩の中のガーネット（左右12cm）

母岩からガーネットが飛び出している
（左右4cm）

岩から取り出したガーネット
（大きいもので1cm）

細長い角閃石の結晶の集まり（左右2cm）

淡緑色の部分は透緑閃石（左右8cm）

真っ白な石英（左右5cm）

暗緑色の緑泥石（左右6cm）

赤い部分はガーネットが集合している
（左右8cm）

エクロジャイト（左右12cm）

結晶の外形がよくわかるガーネット
（5mm）

アクセス▶ JR予讃線・伊予土居駅から北東へ徒歩約30分。浦山川と関川の合流点
付近の川原。

149

広島県庄原市高町

<ruby>西城川<rt>さいじょう</rt></ruby>

カルセドニー、水晶、チャート、黄鉄鉱など

平子駅近くの西城川の川原

　国道から川原に向かって坂道が整備されているため、川原には出やすい。
　石探しにはやや大きい石が多いが、上流域には流紋岩や安山岩などの火山岩や、花こう岩や斑れい岩などの深成岩が分布するほか、堆積岩である砂岩や泥岩、チャートや石灰岩もあり、そこから多様な石が運ばれてきている。
　川原では白い色の石が多いが、硬く石同士で擦っても傷つきにくい石は石英で、傷がつくのは石灰岩や大理石である。石灰岩にはボウスイチュウなどの微化石が含まれている。
　赤い色をした石はチャートで、そのほか流紋岩の中には脈状や球状のカルセドニー（玉髄）を含むものも見られる。

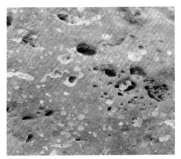
流紋岩の中に脈状や球状に入るカルセドニー（白い部分、左右4cm）。穴の中には細かい微水晶が見られる

大理石の塊（左右10cm）

ボウスイチュウなどの微化石（灰色の斑点）が見られる石灰岩（左右10cm）

きれいなレッドチャート（左右20cm）

表面が錆びたような色の石を割ると、黄鉄鉱の細かな粒が一面に出てきた（左右5cm）

アクセス▶ JR芸備線・平子駅から、国道183号を庄原方面に戻るように約20分歩くと、川原に出る坂道がある。

151

佐賀県唐津市高島

高島の西の海岸

かんらん石、輝石など

雨に煙る高島の西の海岸

　高島は唐津湾に浮かぶ周囲3kmの小さな島である。宝くじの当選祈願で有名な宝当神社があり、大きな宝くじのシーズンになると参拝客でにぎわい、連絡船になかなか乗れなくなるほどである。

　地質学的には、高島はマントル由来の捕獲岩（ゼノリス）を多く含む玄武岩が見られる島としても有名である。捕獲岩とは、マグマが地球内部から地上へ向かって上昇してくるときに周辺の岩石を取り込んだものである。

　島の西の海岸には大きな玄武岩の石がごろごろ転がっており、それらの石の表面を見て回ると、数センチ大の緑色をした部分が見つかる。これが捕獲岩であるかんらん岩で、緑色の部分はかんらん石、それ以外の黒い粒は輝石などである。

　捕獲岩にはさまざまなタイプがあり、ほとんどかんらん石でできているものもあれば、輝石の割合が高いものもある。

ほとんどがかんらん石であるかんらん岩
（左右5cm）

かんらん石に黒い輝石などが混じっている
（左右4cm）

輝石の割合が多いかんらん岩（左右5cm）

輝石の大きな結晶（黒い部分、左右3cm）

宝くじのシーズンは参拝客でにぎわう宝当神社

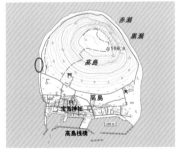

アクセス▶ JR各線・唐津駅から北東へ歩いて約20分で宝当桟橋に着く。そこから定期船に乗り、高島へ（約10分）。桟橋から北上し、正面の山に向かって左に折れて、山すそに沿って徒歩約10分。

熊本県上益城郡甲佐町津志田

みどり
緑川

チャート、大理石、竹葉石など

津志田河川自然公園の通称「乙女河原」

　緑川は中・古生代の堆積岩地帯、広域変成岩地帯や火成岩類の分布地帯などを流域に持つため、川原にもさまざまな種類の石が見られる。川原は上の写真のように広く、たくさんの石が溜まっている。

　目につきやすい赤い石はレッドチャート、緑色はグリーンチャートである。大きな斑点のある石は流紋岩で、表面には長石などの結晶が見られる。流紋岩の中にケイ質の粒が散らばった球顆流紋岩もある。白い石は石灰岩や大理石であることが多い。

　白地に黒い筋がたくさん入り乱れて入っている石は、熊本地方では竹葉石（または笹目石）と呼ばれているものである。この石の白い部分は透角閃石や滑石、斜方輝石、直閃石などで、笹の葉のような黒い筋の部分は蛇紋岩でできている。

レッドチャート（左右8cm）

グリーンチャート（左右4cm）

粒状の方解石が集まった大理石（左右15cm）

緑がかった褐色の部分は緑簾石（左右5cm）

白地に黒い筋模様が笹の葉のように見える竹葉石（左右12cm）

アクセス▶熊本城ホール横の桜町バスターミナルから甲佐行き熊本バスで約50分、「乙女橋」下車。乙女橋を渡ったところに津志田河川自然公園があり、川原へ出られる。

第4章

帰ったあとに

1 砂の中から鉱物を探す

砂の中にもいろいろな鉱物が含まれている。野外ではゆっくり探せないが、持ち帰ってじっくり観察すると、思いがけない鉱物が見つかることもある。

持ち帰った砂をふるいに入れて洗い、粗砂と細かい砂とに分けて、それぞれ別に新聞紙などに広げて乾かす。

乾いてサラサラになったら、砂粒が重ならないように白い紙の上に薄く広げて観察する。粗砂の方は肉眼でも見えるが、細かい砂の方はルーペを使ってじっくり砂を観察し、鉱物結晶を探そう。

細かい砂は端のほうからルーペで観察していく。いずれも大きさは1〜2mmなので、細かいものまでよく見る

2 汚れた石を洗浄する

川原の石はくぼみに泥がつまっていることもあるが、ブラシを使って洗い流し、きれいにするとまた新しい発見がある。

表面が赤錆のような皮膜でおおわれている場合は、市販の錆取り液か、トイレ用洗剤として売られている塩酸を含む液に数日つけて洗い流そう。また、マンガンの鉱石で表面が黒く酸化している場合は、ビタミンCの飲料水の中に数日入れておくときれいになる。

酸化したマンガン鉱石をビタミンC飲料水に浸けると、酸化物が取れる（下の部分）

3 | 石を磨く

川原や海辺の石は表面に細かい凹凸が
あり、乾いている状態では白っぽく見え
る。水に濡らすと本来の石の色がよみが
えるが、乾いた状態でも石本来のきれい
な色を出したい場合は、表面に透明ラッ
カーを吹きつけるか、石を磨いて表面の
凹凸をなくすのがよい。

ホームセンターなどで売っている研磨
用の耐水ペーパーを使えば、時間と根気
はいるが家庭でも石を研磨することがで
きる。できるだけ表面に大きな凹凸のな
い石を選ぼう。

研磨用の耐水ペーパーは#80～#2000
まであり、番数が大きいほど細かい（#4000
は仕上げ用の特別に目が細かいもの）。

全種類そろえる必要はなく、#80、
#120、#240、#400、#600、#800、#1000、
#1200、#1500、#2000の10種類くらいあ
れば十分で、石によっては途中を省いて
もよい。

磨く石を水で濡らし、目の粗い#80か#120の耐水ペーパーで水をかけ
ながら磨き、まずは大きな凹凸をなくしていく。ついつい次の段階に行き
たくなるが、目の粗いペーパーでできるだけなめらかな面になるまで磨い
ておくと、後が楽である。

角が取れたら順番に目の細かいペーパーに移っていき、希望の色つやに
なるまで根気よく磨こう。

凹凸がなかなかなくならない場合は安価なルーター（歯医者で歯を削る
ために使われるような機械）を購入するのも一手である。

参考図書・Webサイト

「鉱物採集フィールド・ガイド」草下英明（著）草思社　1982年

「楽しい鉱物図鑑①、②」堀秀道（著）草思社　1992年、1997年

「地域地質研究報告　津谷地域の地質」鎌田耕太郎（編）地質調査所　1993年

「日本の鉱物」益富地学会館（監修）成美堂出版　1994年

「地球の宝探し」日本鉱物倶楽部（編）海越出版社　1995年

「北海道の石」戸苅賢二・土屋篁（著）北海道大学図書刊行会　2000年

「川原の石ころ図鑑」渡辺一夫（著）ポプラ社　2002年

「日本の鉱物」松原聰（著）学習研究社　2003年

「海辺の石ころ図鑑」渡辺一夫（著）ポプラ社　2005年

「鉱物ウォーキングガイド」松原聰（著）丸善　2005年

「週末は「婦唱夫随」の宝探し」辰夫良二・くみ子（著）築地書館　2006年

「鉱物と宝石の魅力」松原聰・宮脇律郎（著）ソフトバンククリエイティブ　2007年

「鉱物ウォーキングガイド全国版」松原聰（著）丸善　2010年

「鉱物分類図鑑」青木正博（著）誠文堂新光社　2011年

「天然石探し」自然環境研究オフィス（著）東方出版　2012年

「石ころ採集ウォーキングガイド」渡辺一夫（著）誠文堂新光社　2012年

「日本の石ころ標本箱」渡辺一夫（著）誠文堂新光社　2013年

「鉱物ハンティングガイド」松原聰（著）丸善　2014年

「鉱物鑑定図鑑」藤原卓（著）白川書院　2014年

「世界の砂図鑑」須藤定久（著）誠文堂新光社　2014年

「美しい鉱物と宝石の事典」キンバリー・テイト（著）創元社　2014年

「ひとりで探せる川原や海辺のきれいな石の図鑑②、③」柴山元彦（著）創元社　2017年、2023年

「こどもが探せる川原や海辺のきれいな石の図鑑」柴山元彦・井上ミノル（著）創元社　2018年

「関西地学の旅⑫川原の石図鑑」柴山元彦（著）東方出版、2018年

「地質図Navi」産業技術総合研究所　https://gbank.gsj.jp/geonavi/

「地理院地図（電子国土Web）」国土地理院　https://maps.gsi.go.jp/

おわりに

　まだまだ知られていない川原や海辺にはきれいな石や鉱物が眠っていると思われます。最近10年間に出かけたところでも、そのような発見を経験してきました。近年はそれらの石は持ち帰らずその場で写真に収め、観察地別のファイルにデータとして保存し整理してきました。それもかなりの量になり、本書を作る材料として役立ちました。また一般の人を対象にした川原などでの天然石探し講座も継続中で、その折に、参加者が見つけた石を写真に撮ったものも含めています。

　川原や海辺で鉱物や石を探す講座を始めて、水辺にも本当にいろいろな鉱物や天然石が隠れていることを改めて知りました。川原や海辺の石をこのような目で見ることがなかった以前には気づきませんでしたが、改めて観察すると、思いがけない鉱物が見つかり、おかげでどこへ行っても、川を渡るときは川原に石があるかついつい目がいくようになってしまいました。本書に掲載した川や海岸はごく一部で、これ以外にもいい石が見つかる水辺はまだまだ多くあるようです。水辺はまさに宝の山です。

　本書を執筆するにあたって、多くの方の協力を得ました。実際に観察地へ足を運ぶときには、井上博司さん・白石由里さん・藤原真理さんなど、たくさんの方が同行して石を探してくれました。特に藤原真理さんには何度も石の写真撮影をしていただきました。また素晴らしいデザインに仕立ててくださったundersonの堀口努さん、素人では撮りにくい細かい鉱物の撮影をしてくださった山嵜明洋さん、イラストを作成してくださったモンキャラメルの方々、編集者である創元社の小野紗也香さんには、大変お世話になりました。これらの方々に感謝いたします。

柴山元彦

柴山 元彦　Motohiko Shibayama

自然環境研究オフィス代表、理学博士。NPO法人「地盤・地下水環境NET」理事。
1945年大阪市生まれ。大阪市立大学大学院博士課程修了。38年間高校で地学を教え、大阪教育大学附属高等学校副校長も務める。定年後、地学の普及のため「自然環境研究オフィス」を開設。近年は、NHK文化センター、毎日文化センター、朝日カルチャーセンターなどで地学講座を開講。
著書に『ひとりで探せる川原や海辺のきれいな石の図鑑』1〜3、『宮沢賢治の地学教室』『宮沢賢治の地学実習』『宮沢賢治の地学読本』、共著に『こどもが探せる川原や海辺のきれいな石の図鑑』シリーズ、『宮沢賢治と学ぶ宇宙と地球の科学』（いずれも創元社）などがある。

ひとりで探せる川原や海辺の
きれいな石の図鑑 改訂版

2024年4月20日　第1版第1刷　発行

著　者　　柴山元彦

発行者　　矢部敬一

発行所　　株式会社　創元社
　　　　　https://www.sogensha.co.jp/
　　　　　本　　社　〒541-0047　大阪市中央区淡路町4-3-6
　　　　　　　　　　Tel.06-6231-9010　Fax.06-6233-3111
　　　　　東京支社　〒101-0051　東京都千代田区神田神保町1-2 田辺ビル
　　　　　　　　　　Tel.03-6811-0662

装丁組版　　堀口努 (underson)

印刷所　　図書印刷株式会社

©2024 SHIBAYAMA Motohiko, Printed in Japan
ISBN978-4-422-44043-9 C0044
〈検印廃止〉落丁・乱丁のときはお取り替えいたします。